Mikroskopische Anatomie

K. Spanel-Borowski

G. Aust
H. Hilbig
F. Keller
K. Punkt
D. Reißig
W. Schmidt

K. Welt

Impressum

Mikroskopische Anatomie

Herausgeberin

Professor Dr. med. Katharina Spanel-Borowski

Autoren

PD Dr. rer. nat. Gabriela Aust
Professor Dr. rer. nat. habil. Heidegard Hilbig
Dozent Dr. rer. nat. habil. Friedrich Keller
PD Dr. rer. nat. Karla Punkt
Professor Dr. sc. med. Dieter Reißig
Professor Dr. med. habil. Wolfgang Schmidt

Zeichnungen

Dozent Dr. med. habil. Klaus Welt

3., überarbeitete Auflage 2005

Thurmer Straße 30, 08066 Zwickau
Tel.: 03 75/44 59-0
Fax: 03 75/44 59-4
e-mail: info@verlag-wiss-scripten.de

ISBN: 3-928921-77-0

Vorwort

Das Skript für mikroskopische Anatomie wurde von Prof. Dr. med. habil. Klaus Schippel begründet. Die neue Auflage ist im Text vollständig überarbeitet worden, nur die anschaulichen Abbildungen von Doz. Dr. med. habil. Klaus Welt blieben erhalten. Das Skript folgt inhaltlich dem Ablauf des mikroskopisch-anatomischen Kurses, der am Institut für Anatomie der Universität Leipzig jeweils im Sommer für die zweiten Semester der Human- und Zahnmedizin abgehalten wird.

Die Kursteilnehmer sind die Zielgruppe des Skriptes. Sein Inhalt wird die Kenntnisse rasch aktivieren, die während der Hauptvorlesung vermittelt und bereits erarbeitet sind. Das Skript versteht sich als verlässlicher Kursbegleiter, als hilfreicher Repetitor beim Eigenstudium und bei der Prüfungsvorbereitung. Das Skript ersetzt kein Textbuch für Histologie, doch fasst es die Kernpunkte der Organhistologie in komprimierter Form zusammen, wobei der moderne Stand des Wissens und der Terminologie berücksichtigt sind. Die Begleittexte zu den Präparaten sind analog zu den Zeichnungen nummeriert. So entspricht der Text 6.3 dem Präparat "Ureter", dessen Abbildung mit 6-3 ausgewiesen ist. Der Text ist in der Regel auf der geradzahligen, linken Seite abgebildet, während die zugehörige Zeichnung auf der ungeradzahligen, rechten Seite vorliegt. Wenn man das Skript wie ein Buch aufgeschlägt, erfasst der Leser auf einen Blick Beschreibung und korrespondierende Zeichnung des jeweiligen Präparates. Strukturen und ihre Benennungen prägen sich durch die Wiederholung des gleichen Inhaltes als Text und als Abbildung mit Beschriftung fest ein. Die vorgegebene Zeichnung übt das Auge der BetrachterIn und hilft, die eigene Zeichnung, die im Arbeitsheft während der Kursstunde nach dem histologischen Präparat angefertigt wird, zu entwickeln und zu korrigieren. Die Erläuterungen der arabischen Zifferen, die die Strukturen der Zeichnung markieren, sind in der Legende linksseitig aufgeführt, wobei rechtsseitig gepunktete Linien fortgeführt werden, um Bezeichnungen im Selbststudium (linke Seite mit Auflösungen abdecken) aus dem Gedächtnis zu benennen. Angaben zur Technik erwähnter Färbungen sind im Skript "Histologie" nachzulesen.

Jedes histologische Präparat ist mit der laufenden Nummer des Leipziger Kurskastens vorgestellt. Doch sind Beschreibung und korrespondierende Zeichnung allgemein gehalten und auch an anderen Orten und Institutionen als der Leipziger Anatomie zu benutzen. Frau Spenner hat kompetent und sachkundig den Text zur wiederholten Korrektur entgegengenommen, ohne Geduld und Freundlichkeit zu verlieren. Die Herausgeberin bittet im voraus um Verständnis für Sach-und Schreibfehler, die vermutlich - trotz sorgfältigen Korrekturlesens von Doz. Dr. F. Keller - auftauchen werden. Die Studierenden mögen die Qualität des Skriptes, das zu einem günstigen Preis vom Verlag für Wissenschaftliche Skripten verkauft wird, wertschätzen.

Leipzig, im März 2002 Professorin Dr. K. Spanel-Borowski

Für die zweite Auflage wurden geringe Korrekturen durchgeführt.

Leipzig, im März 2003 Professorin Dr. K. Spanel-Borowski

Vorwort zur 3. Auflage

Sach- und Schreibfehler sind korrigiert worden, das didaktische Konzept mit Kurztext und zu beschriftenden Zeichnungen ist erhalten geblieben.
Das Script hat sich im Kurs der mikroskopischen Anatomie als "treuer Begleiter" bewährt.

Leipzig, im August 2005 Professorin Dr. K. Spanel-Borowski

Inhaltsverzeichnis

1 BLUT und GEFÄß-SYSTEM

Das **Blut** besteht zu annähernd gleichen Anteilen aus **geformten Bestandteilen** (Erythrozyten, Leukozyten und Thrombozyten) sowie aus **Plasma**. Außerhalb des Kreislaufsystems gerinnt Blut. Das Koagulum enthält die geformten Bestandteile und **Serum**, das frei von Gerinnungsstoffen ist. Für Untersuchungen des Blutbildes wird das Blut heparinisiert. Unter dem **Hämatokrit** wird der Volumenanteil dicht gepackter Erythrozyten zum Gesamtvolumenanteil des Blutes verstanden. Der normale Hämatokrit liegt durchschnittlich beim Mann bei etwa 45% und bei der Frau bei ca. 35%. Oberhalb der Erythrozyten befindet sich der „**buffy coat**", der aus Leukozyten und Thrombozyten besteht, weil sie ein niedrigeres spezifisches Gewicht haben, verglichen mit den Erythrozyten. Im Blut werden Nährstoffe, Metabolite, Hormone, Blutgase sowie Elektrolyte transportiert. Das Blut regelt den Säure-Basenhaushalt und die osmotische Balance des Organismus. Das Blut beteiligt sich an der Regulation der Körpertemperatur (Wärmeaustausch) sowie an der spezifischen und unspezifischen immunologischen Abwehr.

Die Blutzellen werden anhand eines **Ausstrichpräparates** untersucht. Dazu wird ein Tropfen Blut auf einem Objektträger dünn ausgestrichen. In dem getrockneten Zellfilm ist das Zytoplasma ausgebreitet. Zellkerne sind gut zu beobachten. In Ausstrichpräparaten sind die Blutzellen als komplette Zellen zu sehen, während im Paraffinschnitt Zellanschnitte vorliegen. Blutausstriche werden mit Gemischen von sauren (Eosin) und basischen (Methylenblau) Farbstoffen gefärbt. Bei der PAPPENHEIM-Färbung werden zwei Farbstoffgemische nacheinander eingesetzt: MAY-GRÜNWALD (Eosin und Methylenblau) sowie GIEMSA (Azur II Eosin).

Erythrozyten sind kernlose Zellen, die reich an Hämoglobin sind, welches ein Sauerstoff (Oxyhämoglobin) oder CO_2 (Karbaminohämoglobin) tragendes Protein ist. Erythrozyten sind bikonkave Zellen mit einem Durchmesser von etwa 7,5 µm. Da Erythrozyten sehr flexibel sind, passen sie sich jeder Gefäßform an. Erythrozyten haben eine Lebensdauer von 120 Tagen. Alternde Erythrozyten werden von Makrophagen der Milzsinusoide abgebaut.

Hinweise
Eine erniedrigte Anzahl von Erythrozyten entspricht einer **Anämie**, während eine **Erythrocytose** oder **Polyzythämie** mit einer erhöhten Anzahl korreliert. Die **Retikulumzelle** ist ein Fibrozyt, der retikuläre Fasern bildet. Dagegen ist ein **Retikulozyt** ein junger Erythrozyt mit Resten ribosomaler RNA, die in der Kresylblau-Färbung eine netzartige Struktur zeigt.

Bei den weißen Blutzellen (Leukozyten) wird aufgrund der Form des Kernes und des Auftretens spezifischer Granula zwischen **Granulozyten** (**polymorphonukleäre Leukozyten**) und Agranulozyten (**mononukleäre Leukozyten**) unterschieden. Bei den Granulozyten kommen azurophile Granula vor, die Lysosomen entsprechen. Zusätzlich treten spezifische Granula auf mit der Fähigkeit, neutrale oder saure Komponenten zu binden. Diese **neutrophilen Granulozyten** (Neutrophile) haben einen 3 bis 5-lappigen (segmentierten) Kern mit DNA-Fäden zwischen den Lappen. Die spezifischen Granula verhalten sich bei der Färbung neutral. Neutrophile Granulozyten gehören zu den Mikrophagen, die Bakterien verdauen können. Bei einem jugendlichen Granulozyten fehlt die Kernlappung (Segmentierung) noch („Stabkerniger").

Bei den **eosinophilen Granulozyten** (Eosinophile) ist der Kern meist zweigelappt und das Zytoplasma reich an spezifischen eosinophilen Granula. Jedes Granulum bildet einen kristallinen Kern aus dem „major basic Protein“, das bei der Abtötung von Parasiten aktiv wird. Eosinophile Granulozyten kommen bei parasitären und allergischen Erkrankungen vermehrt vor. **Basophile** Granulozyten besitzen einen polymorphen Zellkern ohne Lappung. Die spezifischen Granula reagieren bei basischen Farbstoffen metachromatisch aufgrund des Gehaltes von Heparin und Histamin. Basophile Leukozyten spielen bei der immunologischen Reaktion vom Soforttyp eine Rolle.

Monozyten / Makrophagen besitzen einen bohnenförmigen, dezentral gelegenen Zellkern und enthalten kleine azurophile Granula. Monozyten zählen zu Makrophagen, die Partikel von der Größe einer Zelle phagozytieren. Wenn Blutmonozyten aus dem Gefäßsystem in das Gewebe migrieren, differenzieren sie sich zu **Makrophagen**.

Lymphozyten gehören zu einer Familie unterschiedlicher Zelltypen (siehe lymphatisches Gewebe). Lymphozyten sind die einzigen Zellen, die durch Diapedese aus dem Gewebe zurück in die Blutbahn migrieren. Während neutrophile Granulozyten einige Stunden im Blut und nur Tage im Bindegewebe leben, variiert die Lebensspanne der Lymphozyten innerhalb der Blutbahn von Tagen bis zu Jahren.

Blutplättchen (Thrombozyten) sind kernlose, scheibenartige Zellfragmente von 2 bis 4 µm Durchmesser, die in Blutausstrichen oft in Gruppen auftreten. Bei der Blutgerinnung aggregieren Plättchen und lösen die Blutgerinnungskaskade aus. Das Endprodukt „Fibrin“ bildet ein dreidimensionales Netzwerk, in dem rote und weiße Blutzellen eingefangen sind. Fibrin und Leukozyten bilden den **Thrombus**.

Blutzellen bedürfen der lebenslangen Erneuerung, die als **Hämatopoese** im Knochenmark abläuft. Aus pluripotenten Stammzellen differenzieren sich Vorläuferzellen der myeloischen oder der lymphatischen Reihe. Größe und Anzahl menschlicher Blutzellen sind in Tabelle 1.1. zu finden.

Hinweis
Ein Paraffinschnitt des Knochenmarks mit Hämatopoese kann im Präparat Ossifikation II beobachtet werden. Das Knochenmark ist reich an Blasten der lymphatischen und myeloischen Reihe. Mehrkernige Riesenzellen entsprechen den Megakaryozyten, aus deren Zytoplasmafragmenten Thrombozyten entstehen.

Im **kardiovaskulären System** wird nach Art eines Kreislaufsystems das Blut transportiert, Metabolite des Stoffwechsels werden aufgenommen und Nährstoffe abgegeben. Im **lymphatischen System**, einem Einwegsystem, erfolgt der Rücktransport extrazellulärer Flüssigkeit in das Kreislaufsystem. Das **Blutgefäßsystem**, das sich in einen **arteriellen**, **kapillären** und **venösen Schenkel** gliedert, zeigt einen dreischichtigen Wandaufbau. Kapillaren sowie kleine Arteriolen und Venolen sind ausgenommen.

- Die **Tunica intima** ähnelt einem Monolayer einschichtigen Plattenepithels (**Endothel**), unter dessen Basalmembran das **Stratum subendotheliale** liegt. Seine äußere Begrenzung entspricht einer gefensterten Membran aus elastischem Bindegewebe (**Membrana elastica interna**).
- In der **Tunica media** liegen konzentrisch angeordnete glatte Muskelzellen, die über gap junctions kommunizieren und von Kollagentyp III umgeben sind. Die äußere Begrenzung wird **Membrana elastica externa** genannt. Sie kann unterschiedlich stark ausgeprägt sein.

Tab. 1.1: Größe und Anzahl menschlicher Blutzellen

Blutzelle	Durchmesser (μm)	Anzahl pro mm^3
Erythrozyten	6.5 – 8	4.1 – 6 x 10^6 (Mann) 3.9 – 5.5 x 10^6 (Frau)
Leukozyten		6.000 – 10.000
Neutrophile	12 - 15	50 - 70 %
Eosinophile	12 - 15	2 - 5 %
Basophile	12 - 156	0 - 1 %
Lymphozyten	6 - 18	20 - 35 %
Monozyten	12 - 20	2 - 8 %
Thrombozyten	2 - 4	200.000 - 400.000

- Als **Tunica adventitia** gilt die äußere Schicht aus fibroelastischem Bindegewebe, die reich an Kollagentyp I ist. Bei großen wandstarken Arterien und Venen befinden sich dort die Versorgungsgefäße (**Vasa vasorum**). In der Tunica adventitia verlaufen ebenso adrenerge Nerven.

Der **arterielle Schenkel** des kardiovaskulären Systems beginnt mit **Arterien** vom **elastischen Typ** als leitende Arterien. Sie nehmen eine Windkesselfunktion im Blutkreislauf wahr. Arterien vom elastischen Typ besitzen in der Tunica media bis zu 70, konzentrisch angeordnete, elastische Membranen mit Fenestrierungen. Diese Membranen füllen die Gefäßwandung zwischen der Membrana elastica interna und externa aus. Sie bilden deswegen keine markante Struktur an der Grenze zur Tunica intima bzw. Tunica adventitia. Arterien vom elastischen Typ gehen in die mittelgroßen bis großen **Arterien** vom **muskulären Typ** über, die das Blut in die Gefäßprovinzen der Organe verteilen. Da bei den muskulären Arterien elastische Membranen in der Tunica media fehlen, sind die Membrana elastica interna und externa gut zu erkennen. Kleine Arterien bezeichnet man als **Arteriolen**. Bei den **Arteriolen ersten Grades** ist eine Membrana elastica interna vorhanden und die Media besteht aus etwa drei Schichten glatter Muskelzellen. Bei **Arteriolen dritten Grades** fehlt die elastische Membran und nur noch eine Schicht glatter Muskelzellen ist vorhanden. Auf der Ebene der **Metarteriolen** (präkapilläre Arteriole) endet der arterielle Schenkel, der durch einen **präkapillären Sphincter** aus glatten Muskelzellen verschlossen werden kann.

Hinweis
Der periphere Blutdruck wird auf der Ebene der Arteriolen geregelt.

Bei **Kapillaren** fehlt der 3-Schichtenaufbau. Sie werden von Endothelzellen ausgekleidet, wobei sich eine Zelle zum röhrenartigen Querschnitt anordnet. Der Durchmesser einer Kapillare (7 µm) entspricht etwa dem eines Erythrozyten. Die Außenwand der Kapillaren bilden **Perizyten** in konzentrischer Anordnung. Endothelzellen und Perizyten besitzen eine eigene Basalmembran. Je nach Struktur der Endothelzellen werden drei Kapillartypen klassifiziert.

- Bei **kontinuierlichen Kapillaren** sind die interzellulären Kontakte durch tight junctions geschlossen, wodurch ein wanddurchdringender interzellulärer Flüssigkeitstransport unterbunden oder stark eingeschränkt ist. Der Transport erfolgt durch unspezifische oder spezifische Endozytose über pinozytotischen Vesikel auf transzellulärem Weg. Dieser Kapillartyp tritt im Gehirn, im Herzmuskel und im Skelettmuskel auf.
- Bei **fenestrierten Kapillaren** bildet das Zytoplasma große Poren (**Fenestrae**) mit oder ohne siebartige Diaphragmen. Der Austausch von Stoffen erfolgt auf passivem Weg und ist durch den kleinsten Porendurchmesser der Diaphragmen begrenzt. Endokrine Organe sind reich an fenestrierten Kapillaren.
- Bei **sinusoidalen Kapillaren** handelt es sich um Kapillarsäcke (40 µm Durchmesser). Das Endothel hat große Poren ohne Diaphragmen. Die interzellulären Spalten sind weit, die Basalmembran fehlt oder ist diskontinuierlich. Makrophagen können zwischen die Endothelzellen eingebaut sein.

Endothelzellen kontrollieren die **Permeabilität** für den Stoffaustausch. Die **Barrierefunktion** ändert sich mit dem Gefäßbett. Zum Beispiel befinden sich in der Leber sinusoidale Kapillaren, die permeabel für Blutplasma, Proteine und Lipoproteine sind. Im Gehirn dagegen sind kontinuierliche Kapillaren mit dichten tight junctions (Interzellularkontakte) und einem kaum entwickelten Endozytose-System für die sogenannte Blut-Hirn-Schranke verantwortlich. Sie verhindert den Übergang körperfremder Substanzen vom intra- in den extravasalen Raum.

Bei Entzündungsprozessen kommt es zu dramatischen Veränderungen der Barrierefunktion mit Bildung eines Ödems und der **Migration von Leukozyten**. Endothelzellen üben **metabolische Funktionen** aus: Aktivierung von Angiotensin I zu II über das **A**ngiotensin-**k**onvertierende **E**nzym (ACE), Inaktivierung von Adrenalin, Lipolyse von Lipoproteinen in Triglyzeride und Cholesterol durch die Lipoproteinlipase in Kapillaren des Skelettmuskels. Endothelzellen wirken **anti-thrombogen** über die Freisetzung von Prostacyclin, das die Aggregation von Thrombozyten hemmt. Verletzungen von Endothelzellen induzieren die **thrombogene Aktivität** durch Sekretion des WILLEBRAND-Faktors (Faktor VIII Antigen) als wichtigen Bestandteil der Blutgerinnungskaskade.

Der **venöse Schenkel** des Kreislaufsystems zeigt nur in mittelgroßen und großen Venen einen dreischichtigen Wandaufbau. Verglichen mit den Arterien, sind die Tunica intima und die Tunica media deutlich schmäler als die Tunica adventitia. Die Grenzen zwischen den Schichten erscheinen unscharf. Kollagenes Bindegewebe ist in allen Schichten besser entwickelt als glatte Muskelzellen. Elastisches Gewebe formt sich nicht zu Membranen, weswegen eine Membrana elastica interna und externa fehlt. Die Wand eines venösen Gefäßes ist stets dünner als die eines arteriellen Gefäßes. Beim venösen Schenkel unterscheidet man folgende Abschnitte:

- Die **postkapilläre Venole** entspricht im Wandaufbau einer Kapillare. Der Durchmesser ist größer als der einer Kapillare.
- **Venolen** weisen konzentrisch angeordnete glatte Muskelzellen im Bereich der Media und der Adventitia auf. Mittelgroße und große Venen haben eine gut entwickelte Adventitia. Bei den großen Venen sind längsorientierte Bündel glatter Muskelzellen anzutreffen. Vasa vasorum sind in großer Anzahl zu finden. Einfaltungen der Intima werden als **Venenklappen** bezeichnet.

Hinweis

Wenn sich bei einer Entzündung oder einem Tumorprozess neue Blutgefäße bilden, geht diese **Angiogenese** von postkapillären Venolen aus.

Lymphgefäße besitzen eine Endothelzellschicht wie Kapillaren, doch ist die Basalmembran diskontinuierlich. Perizyten fehlen. Im weiten Lumen kommen keine Erythrozyten vor.

1.1 BLUTAUSSTRICH, PAPPENHEIM-Färbung
Kasten-Nr. 32, Abb. 1-1

Alle Vergrößerungen

Nur solche Stellen sind zu mikroskopieren, wo ein gleichmäßiger Blutfilm als Monolayer vorliegt. Die ausgebreiteten runden bis ovalen Erythrozyten zeigen ein helles Zentrum. Bei den Leukozyten sind die segmentierten Granulozyten in der Überzahl. Junge neutrophile Granulozyten sind an der Hufeisenform des Kernes zu erkennen. Monozyten haben einen größeren Durchmesser als neutrophile Granulozyten und besitzen einen bohnenförmigen Kern. Monozyten zeigen mehr Zytoplasma als Lymphozyten, die einen schmalen Zytoplasmasaum und einen runden, chromatindichten Kern aufweisen. Zwischen den Erythrozyten fallen Gruppen von Thrombozyten auf.

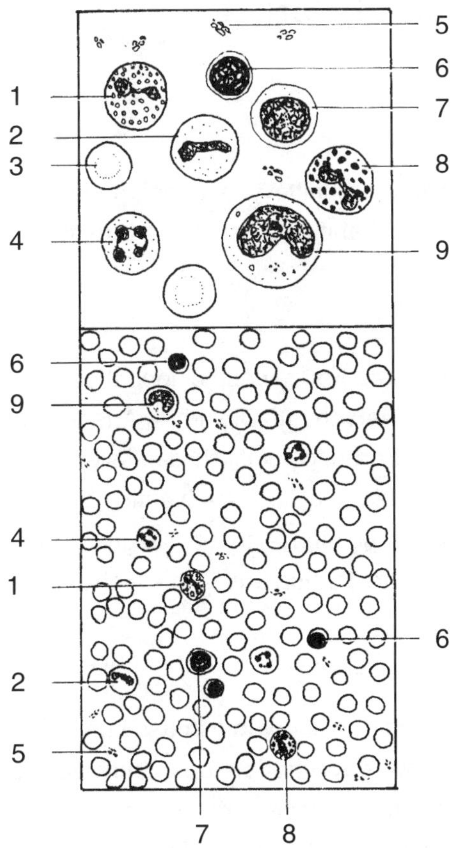

Abb. 1-1: Blutausstrich

1 Eosinophiler Granulozyt..

2 stabkerniger Granulozyt..

3 Erythrozyt ....

4 neutrophiler Granulozyt (segmentkernig) ....

5 Thrombozyten ....

6 kleiner Lyphozyt ....

7 großer Lymphozyt ....

8 basophiler Granulozyt..

9 Monozyt ....

1.2 FEMORALGEFÄßE, ARTERIE vom MUSKULÄREN TYP, RESORZIN-FUCHSIN, van GIESON

Kasten-Nr. 33, Abb. 1-2

Makroskopische Betrachtung

Man sieht bei dem Gefäßnervenstrang Anschnitte von zwei wandstarken Arterien und zwei wandschwachen Venen. Zwischen den Arterien kann eine kompakte Struktur angeschnitten sein, die einem Lymphknoten entspricht.

Übersicht

Die großen Blutgefäße sind in univakuoläres Fettgewebe eingebettet. In diesem fallen Anschnitte kleiner Arterien und Venen mit begleitenden Nerven auf. Die große Arterie besitzt eine hohe Anzahl glatter Muskelzellen, die sich in der „GIESON-Färbung" gelblich darstellen. Die Grenzen zwischen Tunica intima und Tunica media bzw. Tunica media und Tunica adventitia sind jeweils durch eine prominente **Membrana elastica interna** bzw. **externa** gekennzeichnet. Die große Vene zeigt zwei bis drei Schichten glatter Muskelzellen. Die gut entwickelte **Tunica adventitia** weist Anschnitte der Vasa vasorum mit Gefäßnerven auf.

Mittlere und starke Vergrößerung

Bei der **Arterie** sind die Endothelzellen an den knopfartig in das Lumen vorspringenden Zellkernen zu erkennen. Darunter liegt das **Stratum subendotheliale** aus überwiegend kollagenem Bindegewebe. Die gewellte Membrana elastica interna entspricht der Grenze zur Tunica media. Im vorliegenden Querschnitt sind die glatten Muskelzellen längs geschnitten, der zirkulären Ausrichtung der Muskelzellen entsprechend. Die sich hier schwärzlich darstellenden elastischen Fasersysteme sind deutlich stärker in der Tunica adventitia als in der Tunica media entwickelt.

Im Vergleich zur **Arterie**, bei der die **Lichtung rund** ist, zeigt die **Vene** ein **gefaltetes (partiell kollabiertes) Lumen**. Die Wandschichtung sowie die Membrana elastica interna und externa sind bei der Vene weniger ausgeprägt als bei der Arterie. Bei der Vene fallen in der Tunica adventitia dicke Bündel kollagener Fasern auf.

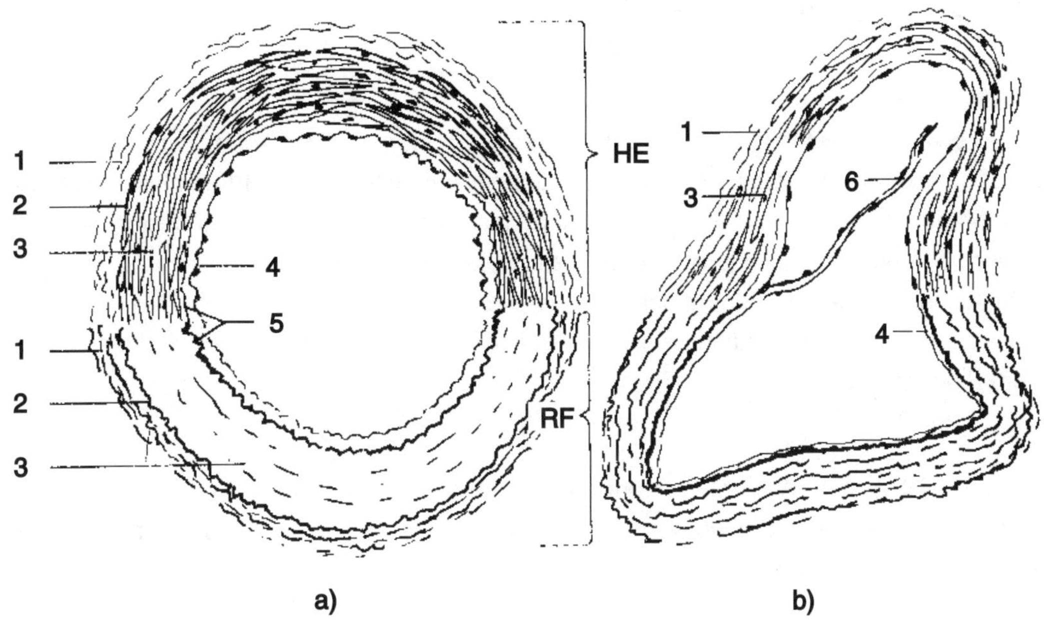

Abb. 1-2: Arterie vom muskulären Typ im Vergleich zu einer Vene
in a) Arterie mit HE = Hämatoxylin-Eosin-; RF = Resorzin - Fuchsin - Färbung;
in b) Vene

1 Tunica adventitia ....

2 Membrana elastica externa ....

3 Tunica media ....

4 Tunica intima mit Endothelzellen ....

5 Membrana elastica interna ....

6 Venenklappe ....

1.3 AORTA, ARTERIE vom ELASTISCHEN TYP, HE
Kasten-Nr. 34, Abb. 1-3

Alle Vergrößerungen

Makroskopisch zeigt das Hohlorgan eine runde Lichtung. Bei stärkerer Vergrößerung sind in der Tunica media viele, leicht gewellt verlaufende und sich eosinophil darstellende Strukturen zu sehen, die elastischen Membranen entsprechen. Die Zone des subendothelialen Bindegewebes besteht aus kollagenem Bindegewebe und stellt sich heller rötlich als die elastischen Lamellen der Tunica media dar. Im äußeren Drittel der Tunica media entsprechen längs- und quergeschnittene Gefäße den Vasa vasorum, die von lockerem Bindegewebe umgeben sind. Die Tunica adventitia besteht ebenfalls aus lockerem kollagenem Bindegewebe.

Hinweise

Wie die Aorta, so ist auch die A. carotis communis eine Arterie vom elastischen Typ. Deswegen dient sie als Beispiel für das elastische Bindegewebe, welches durch die Resorzin-Fuchsin-Färbung spezifisch dargestellt wird (s. Skript Histologie).

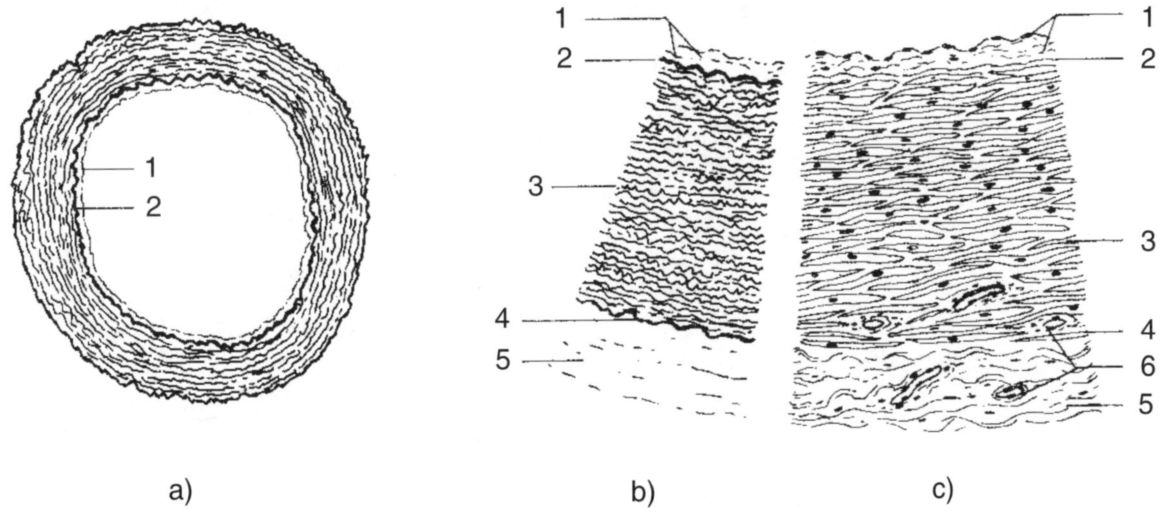

Abb. 1-3: Arterie vom elastischen Typ
a + b = R F = Resorzin-Fuchsin-Färbung
c = H E

1 Tunica intima ....

2 Membrana elastica interna ....

3 Tunica media ....

4 Membrana elastica externa ....

5 Tunica adventitia ....

6 Vasa vasorum ....

Notizen:

2 HAUT (CUTIS) und HAUTANHANGSGEBILDE

2.1 – 2.5 HAUT

Die Haut ist das größte Organ des menschlichen Körpers. Nach außen grenzt sie den Körper vor der Umwelt ab und schützt ihn, nach innen regelt die Haut komplexe Kommunikations- und Stoffwechselfunktionen. Die Haut gliedert sich in eine **Oberhaut** (**Epidermis**), eine **Lederhaut** (**Dermis**, **Corium**) und **Unterhaut** (**Subcutis**). Epidermis und Dermis sind über eine Basalmembran verankert. Die Epidermis zeigt von basal nach apikal Zellschichten mit fortschreitend terminaler Differenzierung, die den zeitlichen Verlauf der Keratinisierung wiederspiegeln: Stratum basale (Stratum germinativum), Stratum spinosum, Stratum granulosum, Stratum lucidum, Stratum corneum (s. Skript Histologie). Die Zellerneuerung geht von Stammzellen des Stratum germinativum aus. Die Subcutis setzt sich vor allem aus univakuolärem Fettgewebe, das durch Bindegewebszüge (Retinacula) untergliedert wird, Nerven und Blutgefäßen zusammen. In der Dermis und der Subcutis liegen Rezeptororgane unterschiedlicher Struktur.

Einsenkungen (Reteleisten) der Epidermis sind mit den Papillen als Ausbuchtungen der oberen Dermis (**Stratum papillare** aus lockerem kollagenem Bindegewebe) verzahnt. Wegen regional unterschiedlicher Anordnung und Ausprägung der Papillen werden die **Leisten-** und die **Felderhaut** unterschieden. Bei der Leistenhaut haben sich an der Oberfläche Leisten (Papillarlinien) ausgebildet. Die Leistenmuster sind genetisch festgelegt und von Individuum zu Individuum unterschiedlich (z.B. Fingerabdruck). Die Leistenhaut besitzt keine Haare, keine Talg- und Duftdrüsen, aber viele Schweißdrüsen, die auf der Kuppe der Leisten münden. Leistenhaut findet man am Handteller und der Fußsohle.

Die **Felderhaut** ist an der Oberfläche durch rhombische Felder charakterisiert. Auf Erhebungen münden Schweißdrüsen, in Furchen stehen Haare. Die Felderhaut bedeckt den größeren Teil des Körpers, verglichen mit der Leistenhaut. Sie ist mit Haaren, Talg- und merokrinen Schweißdrüsen sowie an bestimmten Stellen mit apokrinen Duftdrüsen versehen. Hautdrüsen, Haare, Nägel und die Brustdrüse zählen zu den Hautanhangsgebilden.

2.1 FINGERBEERE, HE
Kasten-Nr. 4, Abb. 2-1

Übersichtsvergrößerung
Zunächst gliedere man die Cutis in die **Epidermis**, die **Dermis** (Corium) und die **Subcutis**. Man betrachte die prominenten **Reteleisten**, die mit den **Bindegewebspapillen** des **Stratum papillare** verzahnt sind. Danach folgt das **Stratum reticulare** der Dermis aus geflechtartigem kollagenem Bindegewebe, durchsetzt von zahlreichen geknäulten Schweißdrüsen. Deren Ausführungsgänge steigen durch die Dermis hoch bis zur Epidermis, haben dort jedoch kein eigenes Ausführungsgangepithel mehr.

Man wiederhole den Schichtenaufbau des mehrschichtigen verhornten Plattenepithels der Epidermis (s. Skript Histologie). Spezifische Zellen (Melanozyten als Melaninbildner), LANGERHANS-Zellen im Dienst des spezifischen Abwehrsystems und MERKEL-Zellen als Kontaktort für freie dendritische Axone im Verband der basal und parabasal liegenden Keratinozyten sind zu erinnern, aber bei dieser Färbung nur schwer zu finden.

Mittlere und starke Vergrößerung
Desto besser sind die eingekapselten Nervenendigungen (spezifische Tastkörperchen) auszumachen. **MEISSNER-Tastkörperchen** liegen in den Bindegewebspapillen des Stratum papillare der Dermis. Die ovalen Gebilde aus bis zu 10 übereinander geschichteten **Lemnozyten** (modifizierte SCHWANN-Zellen) werden vorwiegend im unteren Teil von einer zarten Bindegewebskapsel eingefasst. Dendritische Axone ziehen unter Verlust der Axonscheide zwischen die Lemnozyten.

In der Subcutis nahe der Dermis beobachtet man die viel größeren **VATER-PACINI-Lamellenkörperchen**. Sie bestehen aus einem **Innenkolben** von Lemnozyten, in den unter Verlust der Axonscheide je ein dendritisches Axon eintritt. Der Innenkolben wird von bis zu 50 konzentrischen Lamellen (**Außenkolben**) umschlossen.

Hinweis
Die freien Nervenendigungen an den MERKEL-Zellen und die eingekapselten Nervenendigungen der Rezeptororgane stehen im Dienst der protopathischen Sensibilität (grober Druck, Schmerz, Temperatur) und der epikritischen Sensibilität (Vibration, Propriozeption, Zwei-Punkte-Diskrimination).

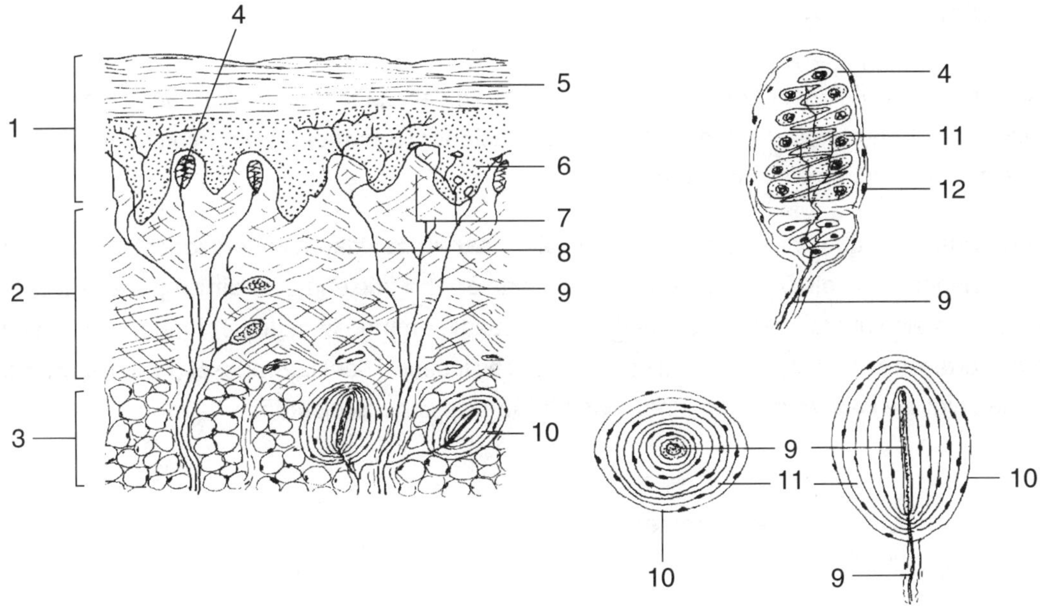

Abb. 2-1: Fingerbeere mit Rezeptororganen

1 Epidermis ....

2 Corium (Dermis) ....

3 Subcutis ....

4 MEISSNER Tastkörperchen ....

5 Stratum corneum ....

6 Einsenkung der Epidermis (Reteleiste) ....

7 Bindegewebspapille im Stratum papillare ....

8 Corium, Stratum reticulare ....

9 Nervenfaser (dendritisches Axon) ....

10 VATER-PACINI - Lamellenkörperchen,
quer und längs ....

11 Lemnozyten (modifizierte Gliazellen) ....

12 Bindegewebskapsel ....

2.2 KOPFHAUT, Haarwurzeln längs, HE
Kasten-Nr. 35, Abb. 2-2

Haare sind in die Haut eingelagerte, verhornte Strukturen der Epidermis. Primärhaare (Lanugohaare) bilden sich in der Fetalzeit ab 4. Monat. Sie werden nach der Geburt durch Terminalhaare (Sekundärhaare) ersetzt. Sie reichen bis in die Subcutis.

Der **Haarschaft** ragt über die Hautoberfläche, die **Haarwurzel** dagegen entspricht dem unter der Epidermis gelegenen Anteil. Die Haarwurzel besitzt eine **epitheliale** und eine **bindegewebige** Scheide, zwischen denen eine gut ausgebildete **Glashaut** als Basalmembran liegt. In der bindegewebigen Wurzelscheide verteilen sich freie Nervenendigungen, und es inseriert der Haarmuskel (**M. arrector pili**). Im Querschnitt zeigt die Haarwurzel von innen nach außen typische Schichten:

- Mark
- Rinde
- Rindenkutikula

  ] des Haares

- Scheidenkutikula
- innere epitheliale Scheide, HUXLEY-Schicht
- innere epitheliale Scheide, HENLE-Schicht
- äußere epitheliale Scheide
- Glashaut
- bindegewebige Scheide (Haarbalg)

  ] der Wurzelscheide

An der Basis ist die Haarwurzel erweitert (Bulbus pili, Haarzwiebel). Im Zentrum findet man die bindegewebige, gefäßführende **Haarpapille** (**bindegewebige Papille**), dem die **epitheliale Papille** kappenförmig aufsitzt. Diese genannte Struktur ist mitotisch aktiv und enthält Melanozyten. Bei der Haarbildung verhornen die Epithelzellen der Haarzwiebel auf ihrem Weg zur Hautoberfläche.

Makroskopische Betrachtung und Übersichtsvergrößerung
Mit dem bloßem Auge sind Epidermis, Dermis und Subcutis mit längs geschnittenen Haarwurzeln zu sehen. Neben ihnen liegen in der Dermis Pakete von Talgdrüsen (s. Skript Histologie), deren Ausführungsgänge in die Haarwurzelscheide am Haartrichter einmünden. Anschnitte durch den M. arrector pili (glatte Muskelzellen) sind in der Nachbarschaft zu Talgdrüsen und Haarwurzeln auffällig.

Mittlere und starke Vergrößerung
Man suche längs und quer geschnittene Haarwurzeln und diagnostiziere den Aufbau der Wurzelscheide von innen nach außen. Nahe am Haarbulbus zeigen Zellen der inneren epithelialen Wurzelscheide sich rötlich darstellende Einlagerungen als Vorstufen der Keratinisierung (HUXLEY- und HENLE-Schicht). Die epitheliale Papille im Bulbus (Haarzwiebel) mit Melanozyten kann sich präparationsbedingt von der bindegewebigen Papille gelöst haben, wodurch ein artefizieller Spalt entsteht.

Hinweise
Beim Haarwechsel / Ausfall trennt sich die epitheliale von der bindegewebigen Papille. Die Haarfarbe wird durch den Melaningehalt des Haares hervorgerufen.

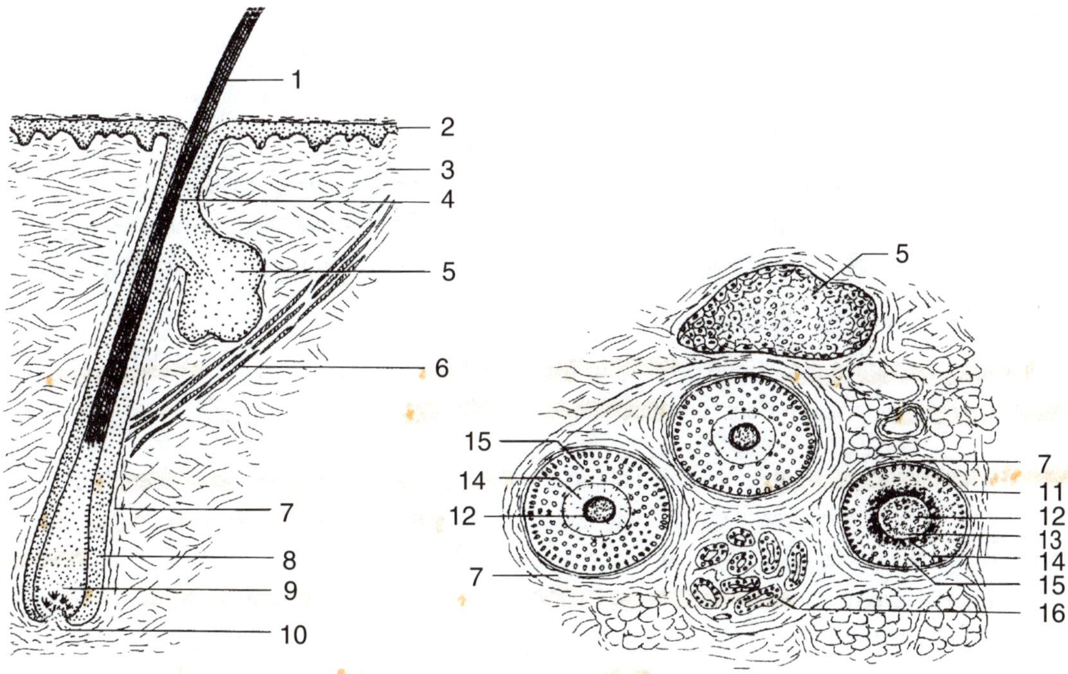

Abb. 2-2: Kopfhaut (a) längs und (b) quer

1	Haarschaft	....
2	Epidermis	....
3	Corium (Dermis)	....
4	Haarwurzel	....
5	Talgdrüse	....
6	Musculus arrector pili	....
7	bindegewebige Wurzelscheide (Haarbelag)	....
8	epitheliale Wurzelscheide	....
9	Haarzwiebel (Bulbus pili)	....
10	bindegewebige Haarpapille	....
11	Glashaut	....
12	Mark	....
13	Rinde	....
14	innere epitheliale Wurzelscheide	....
15	äußere epitheliale Wurzelscheide	....
16	Schweißdrüsen	....

2.3 ACHSELHAUT, HE
Kasten-Nr. 36, Abb. 2-3

Alle Vergrößerungen
Mit dem bloßem Auge differenziere man die Dreischichtung der Cutis. In der Übersichtsvergrößerung stellt sich die Epidermis als dünne Lage eines mehrschichtigen, schwach verhornten Plattenepithels dar. Schräg angeschnittene Haarfollikel stehen in weniger dichter Anordnung, verglichen mit den Haaren der Kopfhaut.

Pakete **apokriner Duftdrüsen** liegen bevorzugt in der Subcutis. Sie besitzen ein weites Lumen und ein einschichtiges Epithel, dessen Form von kubisch bis zylindrisch je nach Funktionszustand variiert.

Ekkrine Schweißdrüsenknäule befinden sich an der Grenze zwischen Corium und Subcutis. Die enge Lichtung, der kleine Durchmesser der Endstücke und das gleichmäßig hohe kubische Epithel unterscheiden die Schweißdrüsen differentialdiagnostisch eindeutig von den Duftdrüsen. Die Endstücke beider Drüsenarten werden von **Myoepithelzellen** umgeben. Diese sind zirkulär angeordnet und liegen zwischen der Basalmembran und der basalen Seite der Drüsenzellen (s. Skript Histologie). Das Epithel des Ausführungsganges ist zweischichtig. Innerhalb der Epidermis fehlt eine solche Epithelauskleidung. Der Schweiß wird durch Interzellularspalten nach außen abgegeben.

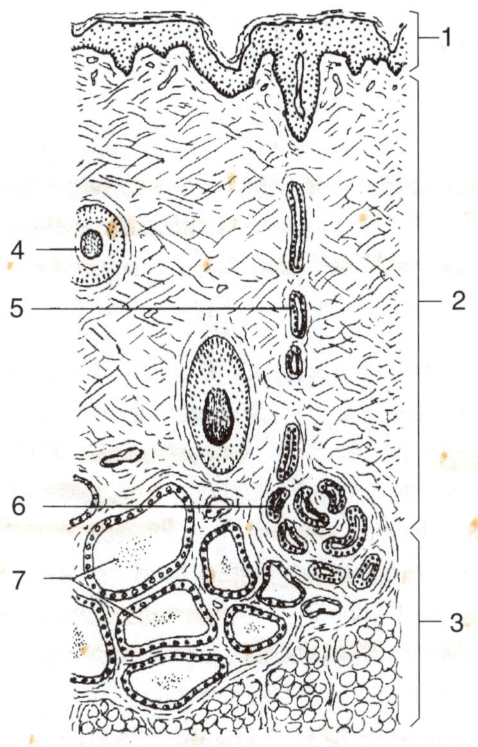

Abb. 2-3: Achselhaut

1 Epidermis ....

2 Corium (Dermis) ....

3 Subcutis ....

4 Haarwurzel, quer ....

5 Schweißdrüsen, Ausführungsgang ....

6 Schweißdrüsen, Endstücke ....

7 Duftdrüsen ....

2.4 AUGENLID, HE
Kasten-Nr. 37, Abb. 2-4

Das Augenlid gehört zum Hilfsapparat des Augapfels. Wie die Lippe oder die Wange zählt das Augenlid zu einer Struktur, die an zwei natürlichen Oberflächen eine unterschiedliche Epithelart trägt. Der Haut mit mehrschichtig verhorntem Plattenepithel liegt die Bindehaut mit mehrschichtig **un**verhorntem Plattenepithel gegenüber. Der typische Dreischichtenaufbau der Cutis fehlt.

Alle Vergrößerungen
An beiden Längsseiten des Präparates sieht man die natürliche Begrenzung der Haut und der Bindehaut. Sie gehen an der schmalen Seite, i.e. der Lidkante, ineinander über. Der Lidkante gegenüber befindet sich die Basis des Augenlids. Dort kommen kleine Bündel von glatten Muskelzellen: M. tarsalis superior vor. Zwischen der Basis und der Lidkante liegt der quergestreifte M. orbicularis oculi mit seiner Pars palpebralis. Die Pars ciliaris findet sich zwischen den Wurzeln der Wimpern (Cilien). Die Haut des Lides zeigt kurze Haarwurzeln, denen kleine Talgdrüsen assoziiert sind. Unter der Bindehaut liegt der **Tarsus**, eine Kollagenfaserplatte. In ihr finden sich holokrine Talgdrüsen, **Gll. tarsales (MEIBOM-Drüsen)**, mit direktem Ausführungsgang zur Lidkante. Dort münden ebenfalls die apokrinen **Gll. ciliares (MOLL-Drüsen)**. In die Wurzeln der Cilien sezernieren nur die kleinen Talgdrüsen, **Gll. sebaceae (ZEIS-Drüsen)**. Ferner kommen seröse **Gll. lacrimales accessoriae (KRAUSE-Drüsen)** zur Bindehautseite an der Basis des Augenlids vor.

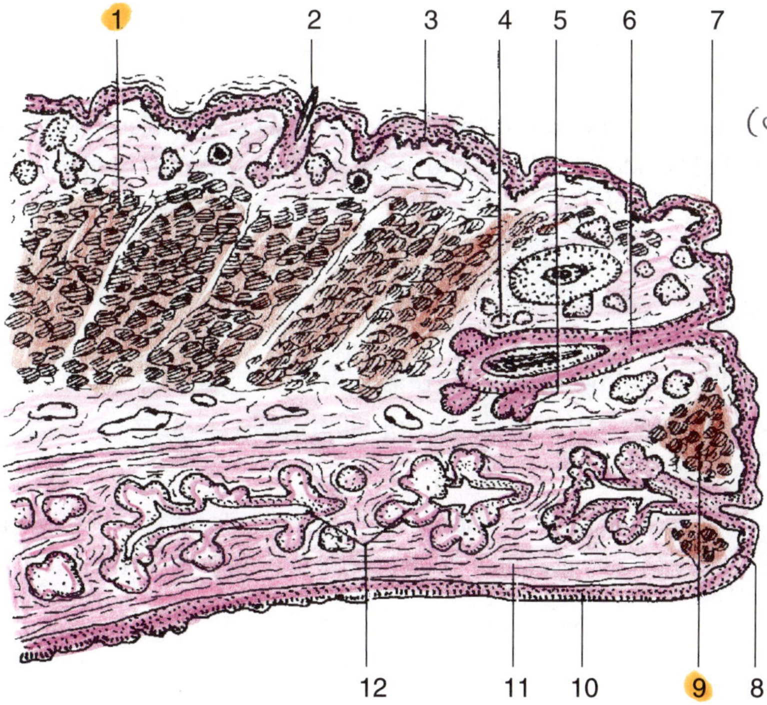

Abb. 2-4: Augenlid

1 Musculus orbicularis oculi, pars palpebralis ....

2 Haarschaft ....

3 Epidermis ....

4 Gll. ciliares (MOLL-Drüsen) ....

5 Gll. sebaceae (ZEIS-Drüsen) ....

6 epitheliale Wurzelscheide einer Wimper ....

7 vordere Lidkante ....

8 hintere Lidkante ....

9 Musculus orbicularis oculi, pars ciliaris ....

10 Conjunctiva - Epithel ....

11 Tarsus ....

12 Gll. tarsales (MEIBOM - Drüsen) ....

2.5 LIPPE, HE
Kasten-Nr. 6, Abb. 5-1

Wie beim Augenlid erwähnt, so wird auch die Lippe von zwei unterschiedlichen Epithelarten natürlich begrenzt. Da sie ein Teil der Mundhöhle ist, wird die Lippe am Anfang des Kapitels „Verdauungsapparat“ besprochen.

2.6 MILCHDRÜSE, laktierend und ruhend, HE
Kasten-Nr. 11 und 12, Abb. s. Skript Histologie

Die Brustdrüse als Anhangsgebilde der Haut ist im Skript Histologie als Beispiel für eine zusammengesetzte tubulo-alveoläre Drüse mit apokriner und merokriner Sekretion vorgestellt.

Notizen:

3 LYMPHATISCHES SYSTEM

Der menschliche Organismus schützt sich vor schädigenden Substanzen und Zellen. Die Abwehr vollzieht sich auf zwei Ebenen. **Monozyten** und **Makrophagen** als Zellen des **m**ononukleären **P**hagozyten-**S**ystems (MPS) und **Granulozyten** bilden das System der unspezifischen Abwehr (unspezifische Immunantwort). **Lymphozyten** und ihre Entwicklungsstadien sind die Träger der spezifischen Abwehr (spezifische Immunantwort). Sie sind fähig, durch spezifische Oberflächenrezeptoren fremde und eigene Antigene zu unterscheiden (Immunkompetenz). **T-Lymphozyten** sind die Träger der zellulären Immunantwort und sind CD3-positiv (**CD3$^+$**). Sie unterteilen sich in Helfer- (CD4$^+$) und zytotoxische/ Suppressor (CD8$^+$) Zellen. **B-Lymphozyten** differenzieren sich nach Kontakt mit dem Antigen zu **Plasmazellen**, die Antikörper sezernieren (humorale Immunantwort). Während die Immunantwort überall im Körper abläuft, finden Wachstum, Erhaltung und Programmierung von Immunzellen in den Organen des Immunsystems statt.

Knochenmark und **Thymus** sind **primäre lymphatische Organe**, die in die Reifung der Immunzellen integriert sind. Im Knochenmark entstehen während der Hämatopoese die Vorläufer der B- und T-Zellen (Zellen der Hämatopoese sind im Präparat längsgeschnittener Finger anzutreffen, an dem die Ossifikation II studiert wird; s. Histologie-Skript). Nur die B-Zellen reifen im Knochenmark zu immunkompetenten Zellen heran. Vom Knochenmark wandern Vorläuferzellen der T-Lymphozyten über die Blutgefäße in die äußere Thymusrinde ein. Dort teilen sich die Vorläuferzellen mitotisch. Sie werden in Richtung Mark weitergeschoben. Dabei lernt der Prä-T-Lymphozyt zwischen körpereigenen und fremden Antigenen zu unterscheiden. Ca. 90% der Lymphozyten erfüllen diese Aufgabe nicht und sterben durch programmierten Zelltod (**Apoptose**). Der Thymus unterliegt bereits zur Geburt und beschleunigt nach der Pubertät der fortschreitenden **Involution** mit Substitution lymphatischen Gewebes durch Fettgewebe.

Die reifen T-Lymphozyten wandern nach dem Verlassen des Thymus in die **sekundären lymphatischen Organe** oder in Schleimhaut- assoziiertes lymphatisches Gewebe und besiedeln dort die T-Zellregion. Diese entspricht einer dichten Ansammlung von Lymphozyten ohne Follikelstruktur. Die B-Zellen aus dem Knochenmark besiedeln die B-Zellregionen und bilden typische Follikel. **Primärfollikel** sind kugelige Ansammlungen ruhender B-Lymphozyten ohne bisherigen Antigenkontakt. Nach Kontakt beginnen die B-Lymphozyten zu proliferieren. Sie wandeln sich in B-Lymphoblasten und weiter in Plasmazellen um, welche zytoplasmareich sind und eine radspeichenartige Chromatinstruktur besitzen. B-Lymphoblasten und Plasmazellen bilden zusammen mit den **follikulären dendritischen** Zellen (zur Antigen-Präsentation befähigt) das Keimzentrum des Follikels. Wenn sich ein Keimzentrum entwickelt hat, liegt ein **Sekundärfollikel** vor. Die kleinen, ruhenden B-Zellen werden an den Rand des Follikels gedrängt und bilden die **Mantelzone**. Lymphfollikel entwickeln sich in **sekundären lymphatischen Organen**, zu denen die Tonsillen des lymphatischen Ringes, die Lymphknoten und die Milz zählen. Diffuse Ansammlungen von Lymphfollikeln finden sich in den Schleimhäuten (MALT = **m**ucosa-**a**ssociated **l**ymphoid **t**issue) des Respirationsapparates, des Urogenital- und des Gastrointestinaltraktes. Zum MALT gehören die PEYER-Plaques des Ileums und die Lymphfollikel der Appendix vermiformis (siehe Kapitel 5).

18.04.06

Das Grundgerüst aller lymphatischen Organe, in dem die Lymphozyten eingebettet sind, besteht aus retikulären Fasern, die von fibroblastischen Retikulumzellen gebildet werden. Eine Ausnahme ist der Thymus, dessen Maschenwerk aus verzweigten **Epithelzellen** (**epitheliale Retikulumzellen**) besteht. Die Epithelzellen umgeben in der Rinde die Kapillaren. Kapillarendothel, Epithelzellen und das dazwischen liegende Bindegewebe bauen hier die **Blut-Thymus-Schranke** auf.

Die **Tonsillen** (Tonsilla palatina, Tonsilla pharyngea, Tonsilla lingualis, Tonsilla tubaria) bilden den lymphatischen Rachenring. Die Tonsillen übernehmen an exponierter Stelle die immunologische Abwehr gegen die mit der Nahrung oder der Atemluft aufgenommenen Antigene. Die Tonsillen zählen zu den **lymphoepithelialen Organen**, d.h. sie liegen unmittelbar unter dem Epithel, wodurch die Lymphozyten in direkten Kontakt zu den Epithelzellen treten. Tonsillen besitzen **nur ableitende** Lymphgefäße.

Die **Lymphknoten** dienen als Filterstation der Lymphe. Mehrere Lymphgefäße (**Vasa afferentia**) münden in weite Sinus, die von fenestrierten Endothelzellen ausgekleidet sind. Zwischen ihnen sitzen Makrophagen, die Antigene aufnehmen, abbauen und den T- und B-Zellen präsentieren. Ein Lymphgefäß (**Vas efferens**) verlässt am Hilum den Lymphknoten.

Die **Milz** ist für die immunologische Überwachung von Zellen und Substanzen des Blutes zuständig. Das Parenchym gliedert sich in eine rote und weiße Pulpa. Die rote **Pulpa** erhält ihren Namen wegen weiter, **venöser Milzsinus** (Milzsinusoide), die mit Erythrozyten gefüllt sind. Nur die **weiße Pulpa** (10–15%) des Parenchyms gehört zum **lymphatischen Gewebe**. Lymphozyten umgeben manschettenartig die Zentralarterien und bilden **periarterielle Lymphozytenscheiden** (**peria**rterielle **l**ymphatische **S**cheide, PALS). B-Zellen liegen in der Randzone der Lymphozytenscheide und können Milzfollikel bilden. Die periarterielle Lymphozytenscheide wird vom **Marginalsinus** umgeben, in den die Nebenäste der Zentralarterie einmünden.

MPS = mononucleäres Phagozytensystem = Monozyten & Makrophagen

MALT = mucosa-associated-lymphoid tissue = diffuse Ansammlungen von Lymphfollikeln in den Schleimhäuten
v.a. im Respirationstrakt, Urogenital- u. Gastrointestinaltrakt
Bsp: Peyer-Plaques des Ileums
Lymphfollikel der Appendix vermiformis

PALS (= periarterielle lymphatische Scheide) in Milz

3.1 TONSILLA PALATINA (GAUMENMANDEL), HE

Kasten-Nr. 38, Abb. 3-1

Die Tonsille wird von künstlichen Schnitträndern und von einer natürlichen, zum Pharynx gewandten Oberfläche begrenzt. Letztere wird durch mehrere tiefe und verzweigte epitheliale Einstülpungen in **Krypten** gegliedert, die von mehrschichtigem unverhorntem Plattenepithel bedeckt sind. Das Kryptenepithel wirkt infolge starker Lymphozytendurchwanderung (Diapedese) aufgelockert und wird weniger gut sichtbar. Im Kryptengrund liegen u. a. abgestoßene Epithelzellen (Detritus). Dicht unter dem Kryptenepithel sammelt sich mächtiges lymphatisches Gewebe mit Sekundärfollikeln, deren dunkel gefärbte **Kappe** oder **Korona** der Mantelzone immer in Richtung des Epithels orientiert ist. Die Tonsille ist auf der dem Epithel abgewandten Seite von einer bindegewebigen Kapsel umgeben, die feine Septen zwischen die Lymphfollikel schickt. Angrenzend an die Kapsel liegen muköse Drüsen und Muskelzüge des Pharynx.

Mittlere und starke Vergrößerung

Das unverhornte, mehrschichtige Plattenepithel ist von mononukleären Leukozyten (Lymphozyten, Makrophagen und Plasmazellen) infiltriert. Sie stammen von den Sekundärfollikeln. Das Krypteneptithel erscheint wegen der Leukozytendiapedese aufgelockert. In der Follikelkappe drängen sich kleine Lymphozyten. Im Keimzentrum sind größere Lymphozyten mit hellem Plasma und follikuläre dendritische Zellen (hier nicht zu sehen) anzutreffen.

lympho-epitheliales Organ
bes. enge Beziehung zum überkleidenden Epithel
Grundgerüst: retikuläres BG
B-Zone mit Lymphfollikeln
T-Zone mit hochendothelialen Venolen (HEV)
typisch:
mehrsch. unverhorntes Plattenepithel
10-15 tiefe, verzweigte Krypten
muköse Drüsen in Umgebung
kräftig ausgeprägte Kapsel
Skelettmuskelanschnitte (Gaumenbogenmuskeln)

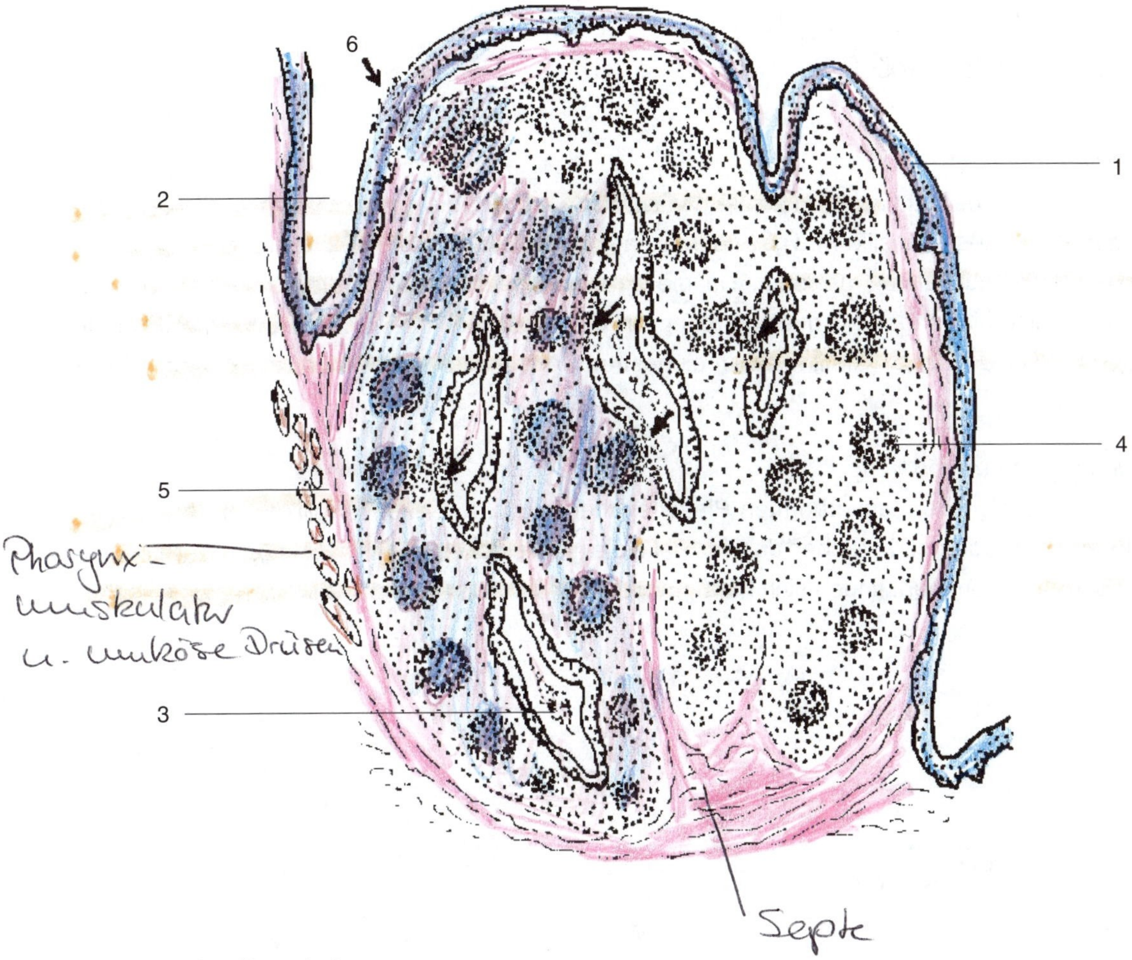

Abb. 3-1: Tonsilla palatina

1 mehrschichtiges unverhorntes Plattenepithel ....

2 Krypte ....

3 Detritus abgestoßene Epithelzellen

4 Sekundärfollikel* ....

5 Kapsel ....

6 aufgelockertes Epithel
➔ bei Lymphozytendiapedese ....

* In der Zeichnung sind die Lymphozytenkappen nicht hervorgehoben.

3.2 TONSILLA LINGUALIS, HE
Kasten-Nr. 39, Abb. 3-2

Übersichtsvergrößerung

Die Tonsilla lingualis besitzt flache, auseinanderliegende Krypten, die von prominenten Sekundärfollikeln unterlegt sind. Diese Tonsille wird nicht durch eine bindegewebige Kapsel von der inneren Zungenmuskulatur (Skelettmuskulatur) getrennt. Da die einzelnen Muskelfaserbündel dreidimensional angeordnet sind, sind sie längs und quer getroffen. In die Muskelschicht nahe an Lymphfollikeln sind überwiegend muköse Drüsen (Gll. linguales) eingestreut. Anschnitte von Ausführungsgängen sind zu sehen.

Mittlere und starke Vergrößerung

Unter dem mehrschichtigen, unverhornten Plattenepithel sind u. a. Sekundärfollikel mit Keimzentrum und Mantelzone angeordnet. Zwischen den Follikeln, die nicht so zahlreich und dicht gedrängt wie in der Tonsilla palatina vorkommen, finden sich häufig Anschnitte der Ausführungsgänge muköser Drüsen.

lymphoepitheliales Organ

Grundgerüst
B-Zone mit Lymphfollikeln
T-Zone mit HEV's

typisch:
- mehrsch. unverhorntes Plattenepithel
- flache Krypten
- muköse Drüsen in Umgebg
- keine Kapsel
- Anschnitte der Zungenmuskulatur

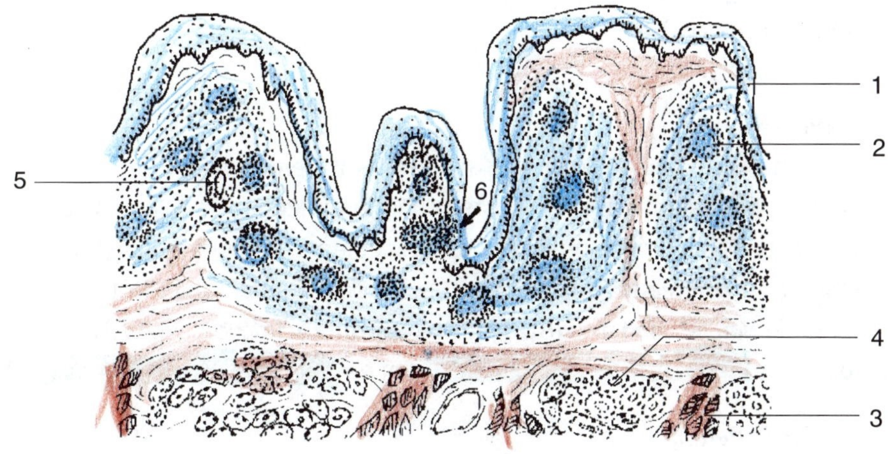

Abb. 3-2: Tonsilla lingualis

1 mehrschichtiges unverhorntes Plattenepithel ....

2 Sekundärfollikel ....

3 innere Zungenmuskulatur ....

4 muköse Drüsen ..... Gll. lingualis .....

5 Ausführungsgang ....

6 aufgelockertes Epithel bei Lymphozytendiapedese ....

3.3 THYMUS, juvenil, HE
Kasten-Nr. 40, Abb. 3-3

Übersichtsvergrößerung

Der Thymus besitzt eine zarte bindegewebige Kapsel. Das Parenchym gliedert sich in die sehr zellreiche, dadurch kräftig blau gefärbte Rinde (**Kortex**) und in ein zentrales, blass blau gefärbtes Mark (**Medulla**). Nur der Kortex wird durch feine Bindegewebssepten in unregelmäßige Läppchen unterteilt. Die **Läppchenbildung** ist **unvollständig**, da das Mark keine Septen zeigt. Ein besonderes Kennzeichen des zellärmeren Markes sind die **HASSALL-Körperchen**, konzentrische Anordnungen epithelialer Retikulumzellen. Da B-Zellen im Thymus fehlen, gibt es weder Primär- noch Sekundärfollikel.

Mittlere und starke Vergrößerung

Das auffällige Merkmal des Kortex sind die dicht gepackten, unreifen Lymphozyten. Sie werden durch Epithelzellen (epitheliale Retikulumzellen), die als Stützgerüst ein Maschenwerk bilden, in Gruppen zusammengefasst. Die Epithelzellen sind im Kortex schwer zu identifizieren, jedoch gut im Mark. Die Zellen zeigen große, bläschenförmige Kerne und eosinophiles Zytoplasma. Konzentrische Anordnungen der Epithelzellen entsprechen den HASSALL-Körperchen. Sie besitzen einen eosinophilen, homogenen Kern, wenn degenerierende Epithelzellen Keratinfilamente gebildet haben.

Kapsel, Septen
Grundgerüst: epitheliales Retikulum

Gliederung in
- Rinde (Cortex): Lymphozyten liegen sehr dicht u. verdecken andere Zelltypen
- Mark (Medulla)
  Lymphozyten spärlicher daher
  Epithelzellen, Makrophagen
  typisch: Hassalsche Körperchen

Keine Follikel!

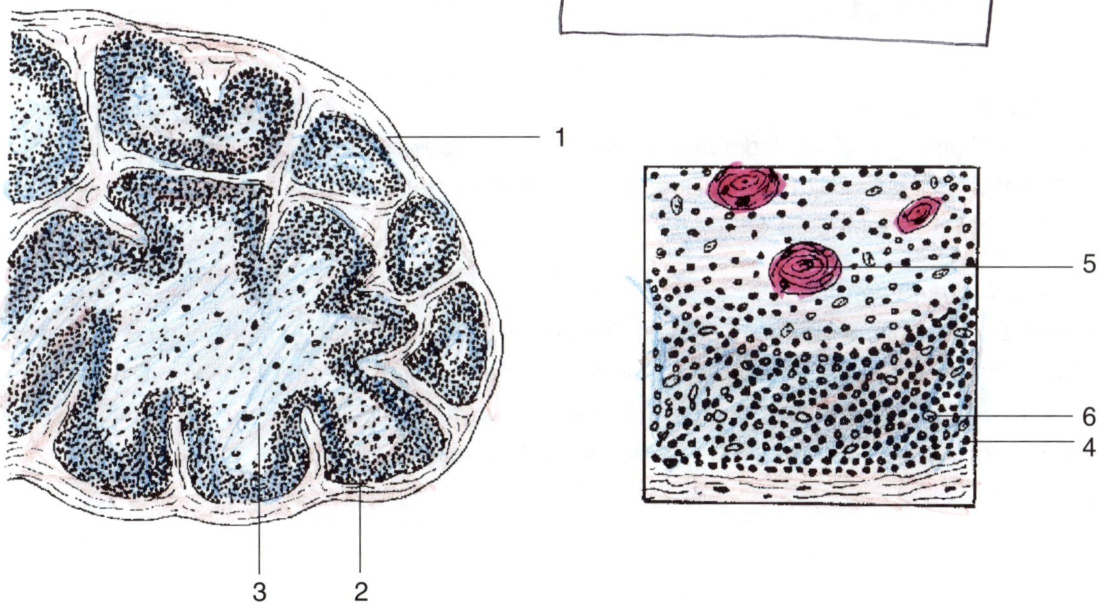

Abb 3-3: Thymus, juvenil

1 Kapsel ....

2 Cortex ....

3 Medulla ....

4 prä-T-Lymphozyten ....

5 HASSALL-Körperchen .... Konzentr. Anordn. ep. Retikulumzellen → eosinophiler homogener Kern

6 Epithelzelle
(epitheliale Retikulumzelle) ....

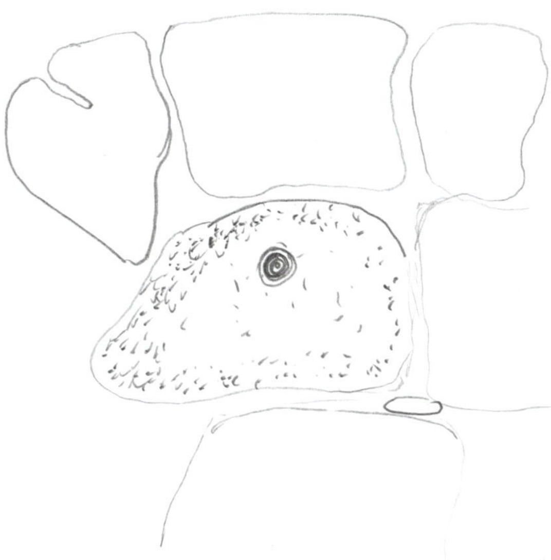

3.4 THYMUS, adult, HE
Kasten-Nr. 41, Abb. 3-4

Übersichtsvergrößerung

Anteile des Thymusgewebes sind durch univakuoläres Fettgewebe ersetzt. Die Kapsel und die Septen sind stärker fibrosiert als beim jugendlichen Thymus. In dem Thymusrestgewebe sind der zellreiche Kortex und die zellärmere Medulla erhalten.

Mittlere und starke Vergrößerung

In den Inseln des Thymusgewebes sind der Kortex mit dicht gepackten Lymphozyten und die Medulla mit Epithelzellen anhand ihrer unterschiedlichen Charakteristika zu unterscheiden. Die im Mark gelegenen HASSALL-Körperchen nehmen im Vergleich zum jugendlichen Thymus vor allem an Größe zu. Das Zentrum ist durch fortschreitende Keratinisierung prominent geworden.

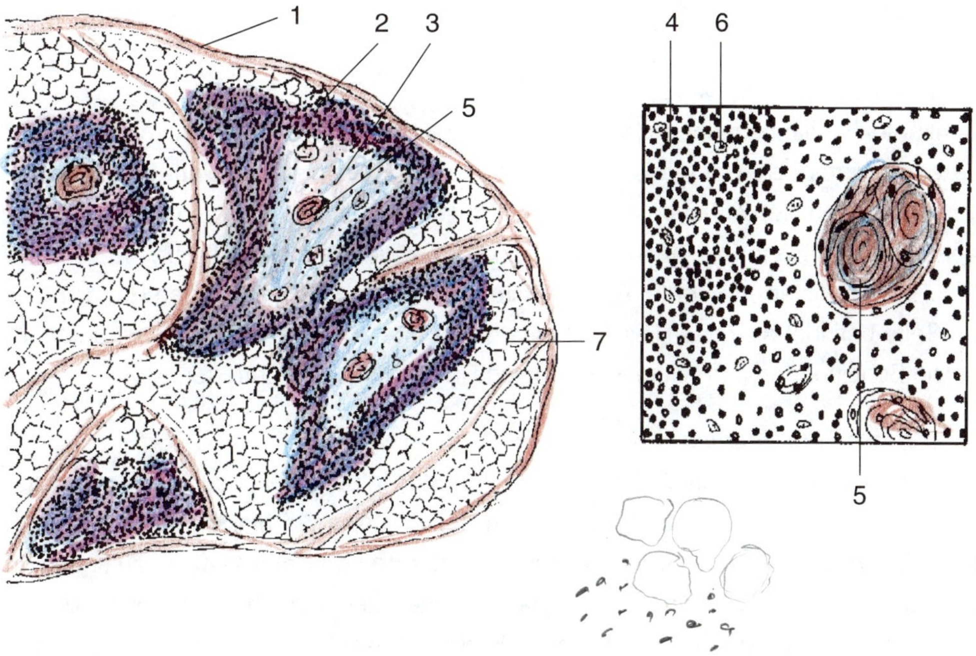

Abb. 3-4: Thymus, adult

1 Kapsel ....

2 Cortex ....

3 Medulla ....

4 prä-T-Lymphozyten ....

5 HASSALL-Körperchen ....besonders groß......

6 Epithelzelle ....

7 univakuoläre Fettzellen ....

3.5 LYMPHKNOTEN, AZAN
Kasten-Nr. 42, Abb. 3-5

Übersichtsvergrößerung

Der Lymphknoten ist ein bohnenförmiges Organ mit kollagenfaseriger Kapsel, von der dünne Trabekel in das Parenchym reichen. Der längs geschnittene Lymphknoten ist von Fett- und Bindegewebe umgeben. Anschnitte von Nervenfasern und Blutgefäßen fallen auf. Das Parenchym wird in **Kortex**, **Parakortex** (parakortikale Zone) mit Ansammlungen von T-Zellen und **Medulla** unterteilt. Im Kortex sind Sekundärfollikel lokalisiert. An der konkaven Seite treten Vasa afferentia in den Randsinus ein, an der konvexen Seite befindet sich das Hilum mit einem Vas efferens und den ein- bzw. austretenden Blutgefäßen. Die Schnittebene des Hilum ist bei vielen Präparaten nicht getroffen.

Mittlere und starke Vergrößerung

Die Vasa afferentia, die selten angeschnitten sind, münden in den subkapsulären **Randsinus**. Von dort fließt die Lymphe über die **Intermediärsinus** von der Rinde in die **Marksinus**. Im Kortex sind viele Sekundärfollikel mit der typischen Gliederung in **Mantelzone** und **Keimzentrum** zu finden. Im darunter liegenden **Parakortex** kommen die Lymphozyten dicht gedrängt vor, ohne Follikel zu bilden. Der Paracortex enthält **postkapilläre Venolen** mit hohen Endothelzellen als Ort der Lymphozytenmigration.

Kapsel, Trabekel

Grundgerüst: fibroblastische Retikulumzellen
bilden dreidimensionales Netz
von retikulären Fasern versteift

Rinde (Cortex): B-Zone
Lymphfollikel mit Keimzentren + Mantelzone
Parakortikalzone: T-Zone (hochendotheliale Venolen)
Mark (Medulla) Marksinus, Markstränge

typisch: Randsinus

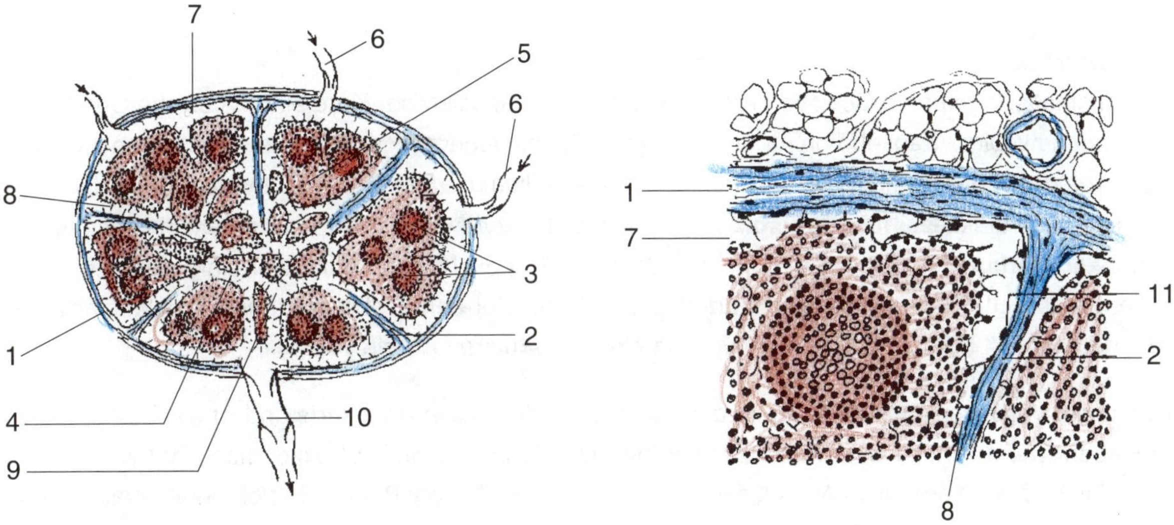

Abb. 3-5: Lymphknoten

1	Kapsel	
2	Trabekel	
3	Kortex mit Sekundärfollikeln	B-Zell-Zone
4	Medulla	hauptsächlich Plasmazellen
5	Parakortex (parakortikale Zone)	T-Zell-Zone
6	Vas afferens	
7	Randsinus	Bereich wo afferente Lymphgefäße in Lymphknoten gehen
8	Intermediärsinus	mit Makrophagen im fenestrierten Endothel
9	Marksinus	M's präsentieren Antigene
10	Vas efferens	
11	Endothelzelle	

3. 6. MILZ, Schaf, HE
Kasten-Nr. 43, Abb. 3-6

Alle Vergrößerungen
Das prismatisch geformte Gewebe besitzt drei künstliche Schnittränder und eine natürliche Oberfläche mit bindegewebiger Kapsel. Von ihr entspringen dicke bindegewebige **Trabekel**. Das Parenchym besteht aus der **weißen Pulpa** mit Ansammlungen kräftig blau gefärbter, kleiner Lymphozyten. Die **rote Pulpa** enthält die **Milzsinus** (**Sinusoide**), prall mit Erythrozyten gefüllt. In den Trabekeln verlaufen die **Trabekelarterien** und **Trabekelvenen**. Die Wand der Trabekelvenen enthält nur einige glatte Muskelzellen, elastische Fasern und eine Endothelzellschicht. Bei den Trabekelarterien liegt der typische Wandaufbau mit Intima, Media und Adventitia einer muskulären Arterie vor.

Nach dem Verlassen der Trabekel wird die Trabekelarterie zur **Zentralarterie** und ist von Lymphozyten umgeben (**periarterielle Lymphozytenscheide**). Die Zentralarterie liegt exzentrisch im Lymphfollikel (MALPIGHI-Knötchen). Beim Austritt aus dem Milzfollikel in die rote Pulpa teilt sich die Zentralarterie in mehrere **Pinselarteriolen**. Diese gehen in die **Hülsenkapillare** über, die eine Scheide aus Makrophagen umgibt. Beim **geschlossenen Kreislauf** ergießt sich das Blut in die Sinus, gelangt in die Pulpavenen und weiter in die Trabekelvenen. Beim **offenen Kreislauf** erreicht das Blut der Hülsenkapillaren zunächst die Pulpastränge zwischen den Sinus.

Hinweis:
Pinselarteriolen, Hülsenkapillaren und Milzssinus sind im Präparat nicht klar zu definieren.

Kapsel u. davon ausgehend Trabekel
Grundgerüst: retikul. BG

Unterteilung in weiße u. rote Pulpa

weiße Pulpa
PALS um Zentralarterien — T-Zone (kein HEV)
Milzfollikel: Keimzentren, Mantelzone, Marginalzone } ? B-Zone

rote Pulpa:
Milzstränge aus fibroblast. Retikulumszellen
Milzsinusoide

keine HEV's !

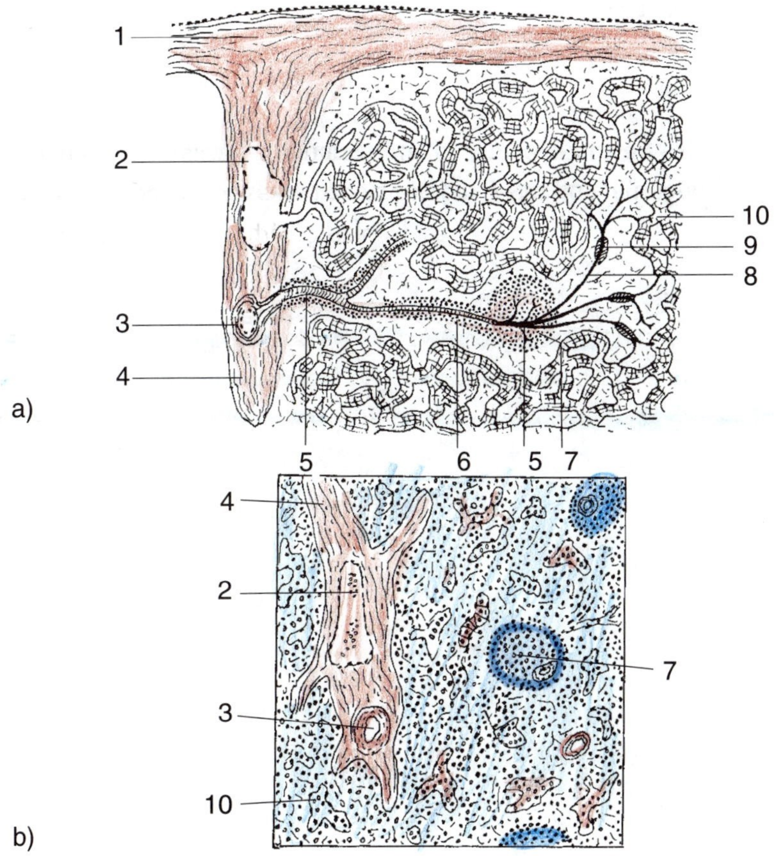

Abb. 3-6: Milz, ungespült; a) Übersicht; b) Vergrößerung

1	Kapsel	Kapsel
2	Trabekelvene	Trabekelvene
3	Trabekelarterie	Trabekelarterie
4	Trabekel	Trabekel
5	Zentralarterie	Zentralarterie
6	periarterioläre Lymphozytenscheide (PALS)	Lymphozytenscheide
7	Milzfollikel (-knötchen)	Milzfollikel
8	Pinselarteriole	Pinselarteriole
9	Hülsenkapillare	Hülsenkapillare
10	Milzsinusoid	Milzsinusoid

3.7 MILZ, gespült, HE
Kasten-Nr. 44, Abb. 3-7

Übersichtsvergrößerung
Die Milz wurde gespült, d.h. die freien Zellen der roten Pulpa und teilweise der weißen Pulpa sind entfernt. Dadurch wird das Grundgerüst und das Blutgefäßsystem besser sichtbar als bei der ungespülten Milz.

Mittlere und starke Vergrößerung
Bei genauem Durchmustern kann am Rand eines Milzfollikels der Abgang einer Pinselarteriole aus der Zentralarterie gefunden werden. In der roten Pulpa fallen kleine konzentrische Gebilde mit winziger Lichtung als Makrophagenscheide der Hülsenkapillare auf. Optisch leere „Straßen" entsprechen den Milzsinus.

Kapsel + davon ausgehend Trabekel
Grundgerüst
Blutgefäße
Milzfollikel

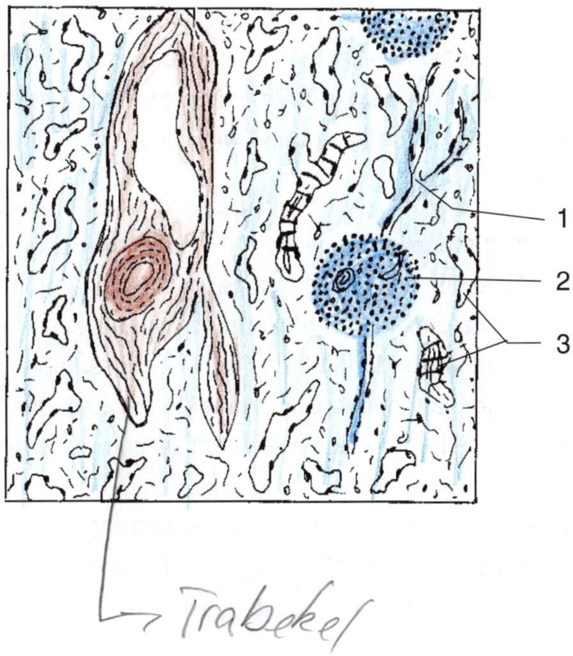

Abb. 3-7: Milz, gespült

1 Pinselarteriole ....

2 Milzfollikel (-knötchen) ....

3 Milzsinusoid optisch leere Straßen ....

4 ATMUNGS- UND STIMMAPPARAT

Zum Atmungsapparat (Respirationssystem) gehören zwei Funktionsbereiche: 1. die **luftleitenden Organe**, die Nasenhöhle, Nebenhöhlen, Pharynx, Trachea und Bronchien umfassen und zwischen Pharynx und Trachea den Stimmapparat (Larynx) einschließen; 2. das **Lungenparenchym**, das für den Gasaustausch zuständig ist. Im Atmungsapparat wird die Atemluft erwärmt, angefeuchtet, gereinigt und CO_2 gegen O_2 ausgetauscht.

Die Nasenhöhle besteht aus dem Nasenvorhof (Vestibulum nasi) und der eigentlichen Nasenhöhle (Cavitas nasi) mit den Nasenmuscheln (Conchae nasales). Der Nasenflügel als Wand des Nasenvorhofes enthält hyalinen Knorpel, an den Skelettmuskulatur (M. nasalis) angrenzt. Der Nasenflügel ist außen von Haut bedeckt, deren Epidermis reich an Talgdrüsen sowie kleinen Schweißdrüsen ist. Das verhornende mehrschichtige Plattenepithel der **Haut** kleidet auch das **Vestibulum nasi** aus. Es wird im Cavum nasi über ein nicht verhornendes Plattenepithel zum respiratorischen Epithel. Im Corium der Vestibulumhaut befinden sich apokrine Knäueldrüsen (Gll. vestibulares) und dicke Haare (**Vibrissae**). In der Schleimhaut der Nasenmuscheln liegen muskelstarke Venen (Drosselvenen), die einen Schwellkörper (**Plexus cavernosus conchae**) bilden, der bei Füllung den Luftstrom für die Befeuchtung verlangsamt (Abb. 4-0), (kein Kurspräparat).

Allgemeiner Aufbau des Atmungsapparates. Die Schleimhaut weist ein mehrreihiges hochprismatisches Flimmerepithel mit Becherzellen (**respiratorisches Epithel**) auf, abgesehen von der Regio olfactoria im Dach der Nasenhöhle, den Stimmfalten und den kleinen Bronchiolen. Die **Kinozilien** der Flimmerepithelzellen schlagen **rachenwärts**. Im subepithelialen Bindegewebe (Lamina propria mucosae) liegen kleine seromuköse Drüsen vor (Gll. nasales, pharyngeales, laryngeales et bronchiales). Die Schleimhaut ist fest mit ihrem Stützskelett verwachsen, das in Nase und Nasennebenhöhlen knorpelig und knöchern und in Kehlkopf, Trachea und Bronchien knorpelig ist. Auf Grund des Stützskeletts bleiben die Atemwege offen. Der Gasaustausch erfolgt in den **Lungenalveolen** (Lungenbläschen), die kein respiratorisches Epithel besitzen. Die Alveolenwände sind stark kapillarisiert.

Das Stützgerüst des Stimmapparates (Kehlkopf, **Larynx**) besteht aus hyalinem (Cartilago thyroidea, C. cricoidea, C. arytenoidea) sowie elastischem Knorpel (Epiglottis, C. cuneiformis, C. corniculata, Processus vocalis des C. arytenoidea). Die hyalinen Knorpel beginnen beim Mann nach dem 30. Lebensjahr zu verknöchern. Die Knorpel werden kranial durch die Membrana quadrangularis und kaudal durch den Conus elasticus miteinander verbunden. Dank dieser Bindegewebsplatten bildet die Schleimhaut zwei sagittal ausgerichtete Falten, die kranial gelegene **Plica vestibularis** (Taschenfalte) und die kaudale **Plica vocalis** (Stimmlippe). In der Plica vocalis liegt der verdickte obere Rand des Conus elasticus als **Ligamentum vocale** und der **M. vocalis**, die gemeinsam die Schwingung der Stimmlippe ermöglichen. Beide Falten teilen den Hohlraum des Kehlkopfes von kranial nach kaudal in das Vestibulum laryngis, den Ventriculus laryngis und die Cavitas infraglottica. Nur die Stimmlippen sind von einem mehrschichtigen, stellenweise verhorntem Plattenepithel bedeckt. Der Hauptanteil des Kehlkopfs ist von einer Schleimhaut mit respiratorischem Epithel ausgekleidet.

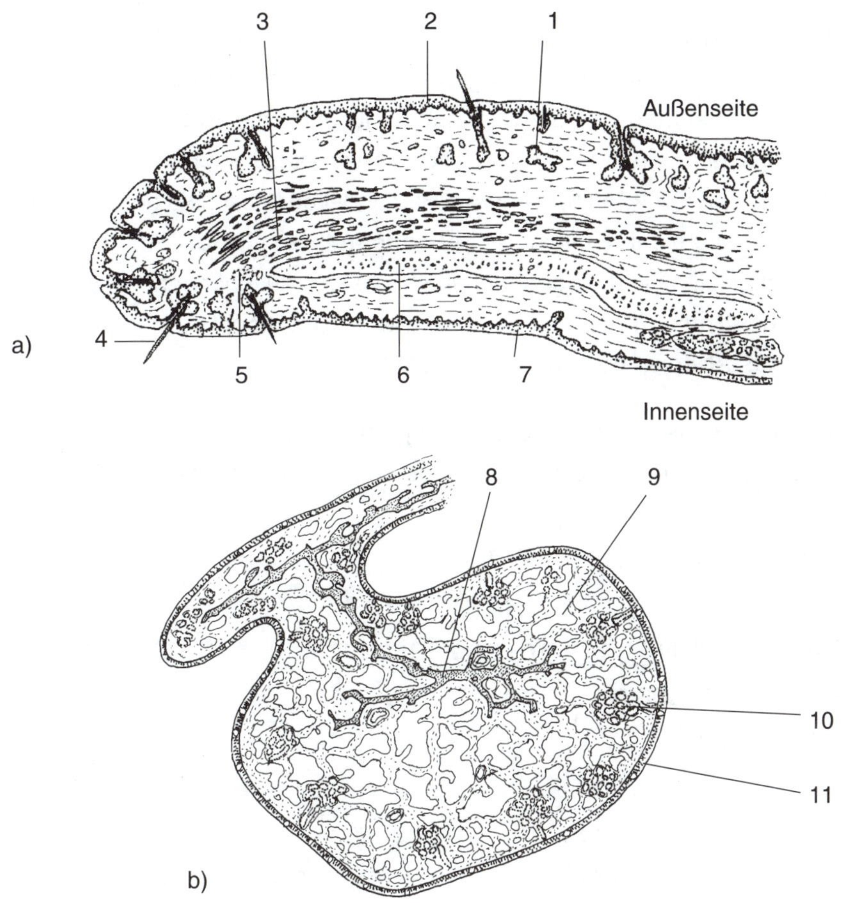

Abb. 4-0: Nasenflügel (a) und Concha nasalis (b)

1 Talgdrüse ....

2 Epidermis ....

3 Musculus nasalis ....

4 Vibrissa ....

5 apokrine Knäueldrüse ....

6 hyaliner Knorpel ....

7 mehrschichtiges unverhorntes Plattenepithel ....

8 Kapillaren ....

9 Plexus cavernosus conchae ....

10 Gll. nasales ....

11 respiratorisches Epithel ....

Bronchialbaum. Die Trachea teilt sich an der Bifurcatio tracheae in den **Bronchus principalis** dexter et sinister, die jeweils am Hilum pulmonis in die Lungen eintreten und zu **Bronchi lobares** (rechts drei und links zwei) werden. Durch baumartige Verzweigungen entstehen die **Bronchi segmentales** und die **Bronchioli**. Letztere mit einem Durchmesser unter 1 mm. Sie treten in ein Lungenläppchen ein und werden nach 3 - 4 Teilungen zu **Bronchioli terminales**. Hier endet der Abschnitt des Bronchialbaumes, der ausschließlich der Luftleitung dient. Es folgen die **Bronchioli respiratorii**, die bereits Alveolen zum Gasaustausch in die Brochiolenwand eingebaut haben. Die sich anschließenden Alveolargänge (**Ductus alveolares** und **Sacculi alveolares**) stehen ausschließlich im Dienst des Gasaustausches, weil deren Wände durchweg aus Alveolen bestehen.

Alveolen (etwa 300 Millionen je Lunge) sind sackartige Ausstülpungen von etwa 200 μm Länge. Die Alveolen bedingen das makroskopisch schwammartige Lungenparenchym.

4.1 KEHLKOPF (LARYNX), Stimm- und Taschenfalte, Frontalschnitt, EH-E
Eisenhämatoxylin-Eosin
Kasten-Nr. 45, Abb. 4-1

Makroskopische Betrachtung und Übersicht
Im Präparat ist die Schleimhaut *einer* Kehlkopfhälfte mit angeschnittenem hyalinem Knorpel zu sehen. Sowohl die Plica vestibularis mit rundlichem Profil als auch die Plica vocalis sind mit dem bloßem Auge erkennbar. Beide Falten sind zum oberen Rand des Objektträgers gerichtet, wenn das Klebeetikett nach rechts zeigt. Der hyaline Knorpel orientiert sich zum unteren Rand. Wird das Präparat in dieser Ausrichtung unter das Mikroskop gelegt, sind Taschen- und Stimmfalte im unteren Bereich des mikroskopischen Bildes anzutreffen.

Mittlere und starke Vergrößerung
Die Schleimhaut der nicht schwingungsfähigen **Plica vestibularis** hat ein **respiratorisches Epithel** und besitzt in ihrer lockeren Lamina propria zahlreiche seromuköse Drüsen (Gll. arytenoideae), die die Stimmlippe anfeuchten. Nur die **Plica vocalis** wird von mehrschichtigem und **stellenweise verhorntem Plattenepithel** bedeckt. Sie besitzt keine Drüsen in der Lamina propria. Das dichte **Netz elastischen Bindegewebes** entspricht dem **Ligamentum vocale**. Die elastischen Fasern sind homogen rot gefärbt. Schwarz erscheinen die Skelettmuskelfasern des **M. vocalis**, die vorwiegend quer angeschnitten sind.

Hinweis
Im subepithelialen Bindegewebe der Taschen- und Stimmfalte liegen Lymphozyten. Sie kommen auch häufig im tiefer gelegenen Respirationstrakt vor (BALT, Bronchus assiziiertes lymphatisches Gewebe).

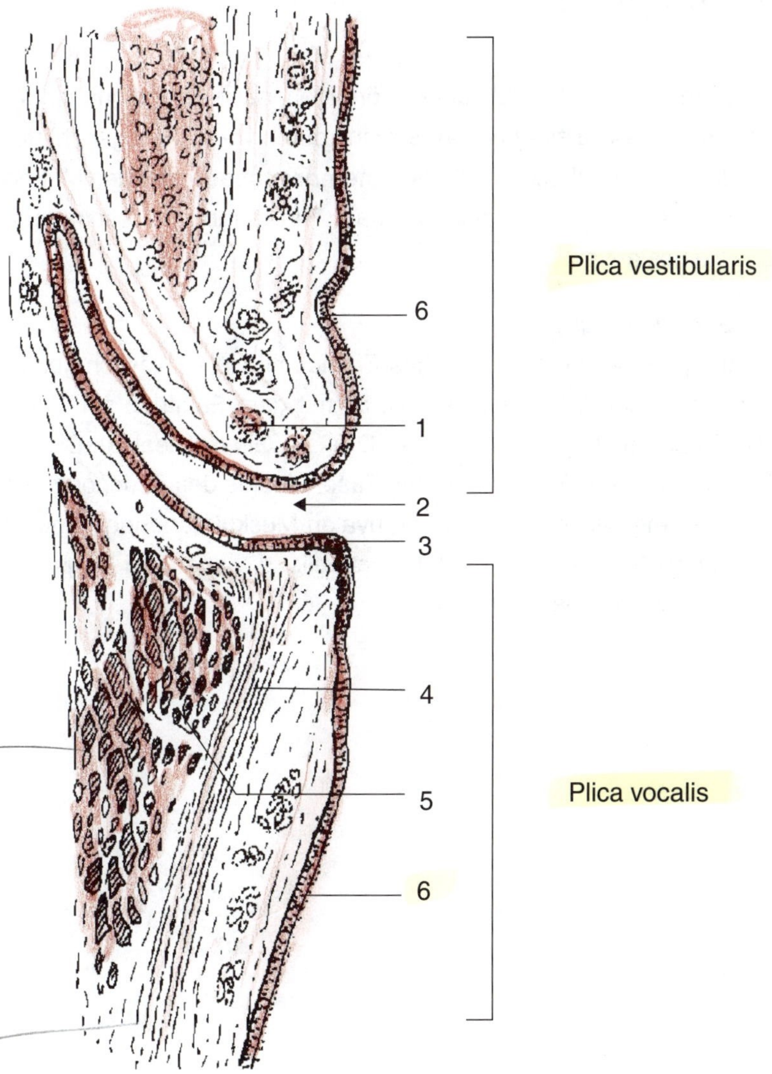

Abb. 4-1: Larynx, Plicae vestibularis und vocalis im Frontalschnitt

1 Gll. arytenoideae

2 Ventriculus laryngis

3 mehrschichtiges, überwiegend unverhorntes Plattenepithel

4 Stimmband (Lig. vocale)

5 M. vocalis

6 respiratorisches Epithel

4.2 TRACHEA (LUFTRÖHRE), Querschnitt, AZAN
Kasten-Nr. 46, Abb. 4-2

Die Luftröhre ist rd. 12 cm lang mit etwa 20 hufeisenförmigen, nach ventral orientierten Knorpelspangen (Cartilagines tracheales, **Paries cartilagineus**). Sie sind durch vertical ausgerichtete Ligg. anularia verbunden. Dorsal sind die Spangen durch den **Paries membranaceus**, der den M. trachealis enthält, geschlossen. Die Wand hat einen dreischichtigen Aufbau: Tunica mucosa respiratoria, Tunica fibromusculo-cartilaginea und Tunica adventitia.

Übersicht und mittlere Vergrößerung
Die Mukosa des Hohlorgans zeigt respiratorisches Epithel mit vielen bläulich gefärbten Becherzellen. Damit der apikale Kinoziliensaum gut zusehen ist, ist mit dem Feintrieb zur Schärfeneinstellung zu „spielen". In der Lamina propria liegen seromuköse Drüsen (Gll. tracheales). Die Knorpelspangen bestehen aus hyalinem Knorpel mit der blau gefärbten Faserscheide des Perichondriums. Ventral vor den Knorpelspangen sind Skelettmuskelfasern der infrahyalen Muskulatur angeschnitten. Im Paries membranaceus sieht man glatte Muskelzellen des M. trachealis, die quer und längs getroffen sind. In der Adventitia liegen zahlreiche Nervenanschnitte.

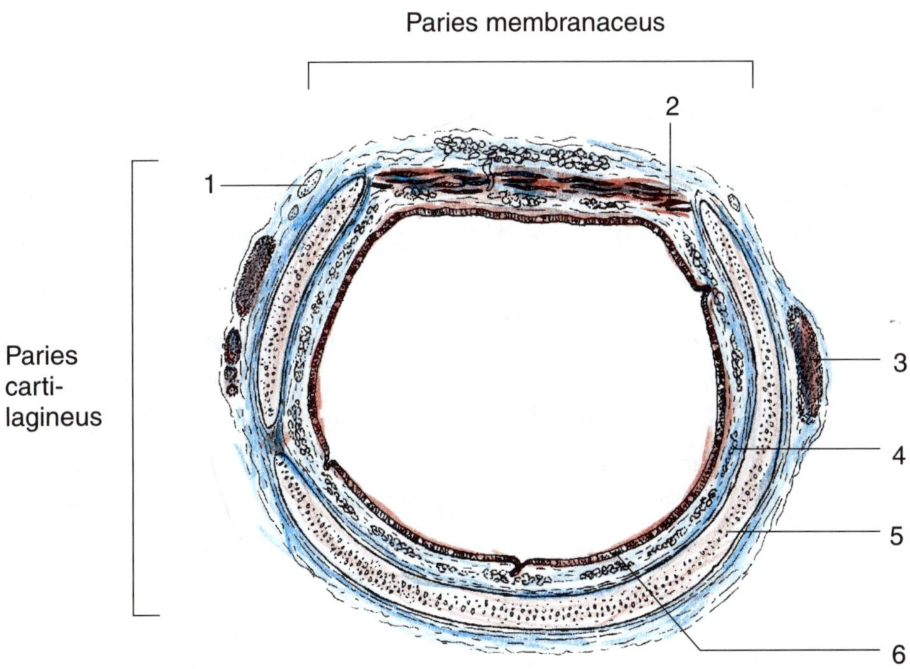

Abb. 4-2: Trachea (Querschnitt)

1	Nervenanschnitte	....
2	M. trachealis	....
3	lymphatisches Gewebe	....
4	Gll. tracheales	....
5	Knorpelspange	....
6	Mukosa mit respiratorischem Epithel	....

4.3 LUNGE, (PULMO), Mensch, HE
Kasten-Nr. 47, Abb. 4-3 und 4-4

Die großen **Bronchien** besitzen Knorpelspangen wie die Trachea. Nachgeordnete Bronchien bilden Knorpelplatten, die an Größe abnehmen. Zwischen der Schleimhaut und den Knorpelplatten finden sich spiralig angeordnete Bänder glatter Muskelzellen, deren Dicke distalwärts zunimmt. Die Lamina propria ist reich an elastischen Fasern und an seromukösen Drüsen (Gll. bronchiales), die sich in die Bronchiallichtung entleeren.

In den **Bronchioli** fehlen Knorpel und seromuköse Drüsen. Das mehrreihige respiratorische Epithel nimmt bis zu den Bronchioli kleineren Durchmessers an Höhe ab und wird in den **Bronchioli terminales** ein einschichtiges **kubisch** bis **zylindrisches Flimmerepithel**. Becherzellen fehlen. Dafür tritt eine neue Art sekretorischer Zellen (**Clara-Zellen**) auf, die keine Kinozilien, jedoch Granula besitzen. Das Sekret der Clara-Zellen schützt das Bronchialepithel und enthält den **Surfactant** (s. unten). Bei den **Bronchioli respiratorii**, die im übrigen Aufbau den Bronchioli terminales entsprechen, sind **Alveolen** in die **Wand** eingebaut. Sie nehmen an Anzahl in Richtung des Ductus alveolaris zu. Die Lamina propria enthält ein Geflecht elastischer Fasern und sphinkterartig angeordnete glatte Muskelzellen. Beide Gewebskomponenten bilden zwischen zwei benachbarten Alveolen den **„Alveolarknopf"**, der zusammen mit einem retikulären Fasernetz die Expansion der Alveole bei der Inspiration und die Retraktion bei der Exspiration ermöglicht.

Alveolen werden von einem einschichtigen, morphologisch und funktionell heterogenen Plattenepithel ausgekleidet. In dem Alveolarepithel sind **95 %** der Zellen plattenephithelartige Zellen, deren Existenz in der Ultrastruktur sicher zu zeigen ist. Diese **Typ-I Pneumozyten**, die am Abbau des Surfactants (s. unten) beteiligt sind, sind durch Desmosomen und dichte Zonulae occludentes verbunden. Aus diesem Grund gelangt keine Flüssigkeit aus dem Interstitium in die Alveolen. **Typ-II Pneumozyten (5 %)** des Alveolarepithels werden **Nischenzellen** genannt, weil sie dort sitzen, wo die Alveolarwand „Ecken" bildet. Typ-II Pneumozyten zeigen in der Ultrastruktur spezifische Sekretgranula, die membranbegrenzte **multilamelläre Körper** sind. Sie werden kontinuierlich gebildet und als **„Surfactant"** sezerniert, der die Oberflächenspannung des Alveolarepithels mindert. Typ-II Pneumozyten teilen sich und bilden den eigenen Nachwuchs als auch den der Typ-I Pneumozyten.

Benachbarte Alveolen sind durch ein **Septum interalveolare** getrennt, das beidseitig vom Alveolarepithel begrenzt wird und in der Mitte das **Interstitium** entwickelt. Dort liegt das **reichste Kapillarnetz** des Organismus, eingebettet in ein Gewebe aus kollagenen und elastischen Fasern. Das Septum interalveolare ist mit der 0,1 – 1,5 μm dicken **Blut-Luft-Schranke** identisch. Sie hat folgende **Bestandteile**: kontinuierliches Kapillarendothel, fusionierte Basalmembranen des Endothels und des Alveolarepithels, Alveolarepithel. Fibrozyten und Makrophagen sind weitere Bestandteile des Septums interalveolare. Makrophagen wandern in die Alveolarlichtung, phagozytieren dort Fremdpartikel oder Hämosiderin von zerfallenen Erythrozyten bei gestautem Lungenkreislauf, der sich zum Beispiel als Folge eines Herzfehlers entwickelt. Diese Alveolarmakrophagen werden **Herzfehlerzellen** genannt.

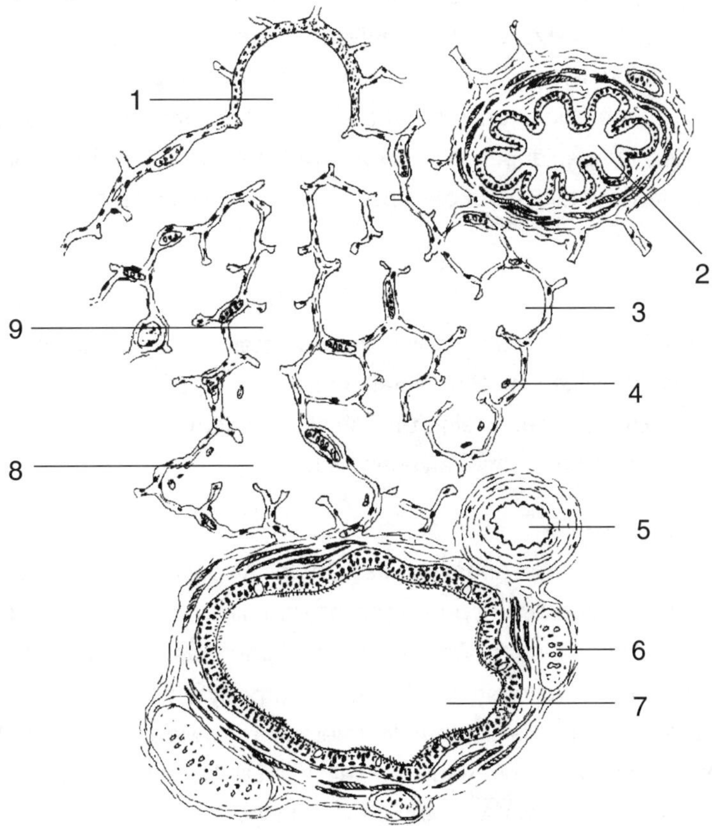

Abb. 4-3: Lunge

1	Bronchiolus terminalis	....
2	Bronchiolus	....
3	Alveolen	....
4	z.B. Alveolarmakrophagen	....
5	Pulmonalarterie	....
6	Knorpelplatte	....
7	Bronchus	....
8	Sacculus alveolaris	....
9	Ductus alveolaris	....

Lungengefäße. Die Lunge hat ein funktionelles Blutgefäßsystem (**Vasa publica**) und ein systemisches (**Vasa privata**). Pulmonalarterien verzweigen sich interlobulär mit dem Bronchialbaum und bilden ein Kapillargeflecht um die Alveolen. Die proximalen Äste sind dünnwandige elastische Pulmonalarterien, während die distalen Äste zum muskulären Typ gehören. Die **Pulmonalvenen** liegen entfernt von den Alveolen und zwischen den Lungenläppchen, also **interlobulär**. Die systemischen Bronchialaterien laufen mit den Bronchialästen und bilden auf der Ebene der Bronchioli Shuntgefäße mit den Pulmonalarterien.

Übersicht

Quergeschnittene Bronchioli unterschiedlichen Kalibers mit sternförmigen Lumina (postmortale Kontraktion) sind zu sehen. Lymphfollikel und Pigmentablagerungen (mit Staub- partikel beladene Makrophagen) fallen in der Bronchialwand auf. Kleine Bronchioli sind frei von Knorpel. Pulmonal- und Bronchialarterien sind bronchusassoziiert, Pulmonalvenen nicht.

Mittlere und starke Vergrößerung

Das grobmaschige Netz der Alveolen ist angeschnitten. In der Alveolarwand fallen viele Kapillaren auf, die mit Erythrozyten gefüllt sind. Von den **Typ-I Pneumozyten** sind nur die Kerne zu sehen, weil deren **Zytoplasma abgeflacht** ist. Da es eine große Fläche einnimmt, entsteht der Eindruck von kernlosen Zellabschnitten (kernlose Platten). Weiterhin sind **Typ-II Pneumozyten** (Nischenzellen) mit runden Kernen und hellem, schaumigen Zytoplasma sichtbar. Im Interstitium sowie in der Alveolarlichtung kommen Makrophagen mit und ohne phagozytierten Staubpartikeln vor. Die Ductus alveolares und Sacculi alveolares entsprechen den „Straßen“, die von Alveolen gesäumt sind.

Hinweis

Einzelheiten der Blut-Luft-Schranke lassen sich nur elektronenmikroskopisch sehen. (Abb. 4-4c)

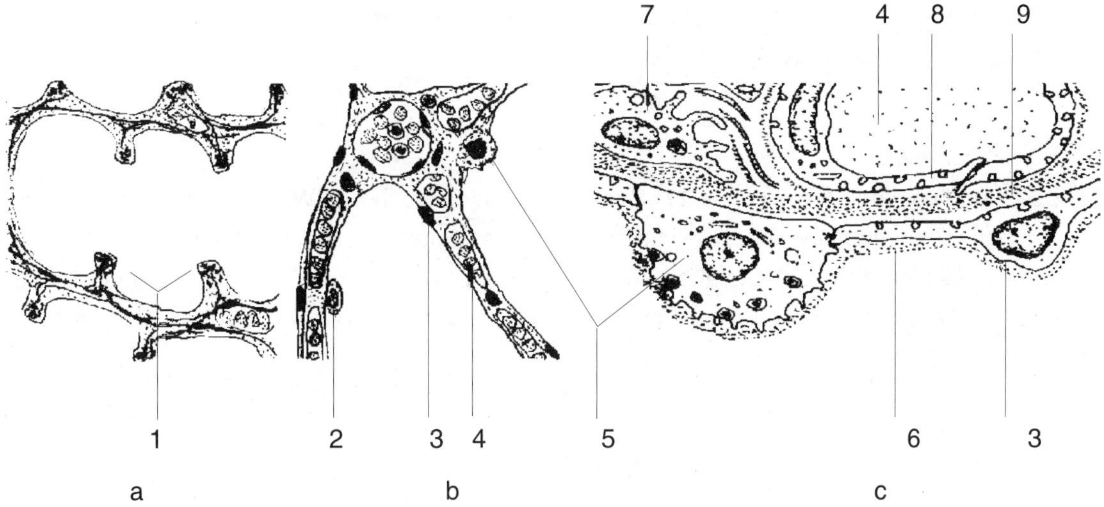

Abb. 4-4 (Ergänzung zu Abb. 4-3): Sacculus alveolaris: (a) Übersicht (b) Ausschnitt
c) Blut-Luft-Schranke (Ultrastruktur-Abbildung, Schema)

1 Alveoloarknöpfe ....

2 Alveolarmakrophagen ....

3 Typ I Pneumozyt ....

4 Kapillare ....

5 Typ II Pneumozyt ....

6 Surfactant ....

7 Makrophage im Interstitium ....

8 Kapillarendothel ....

9 Basalmembran des Kapillarendothels und des Alveolarepithels ....

4.5 LUNGE (PULMO), Mensch, fetal, 24. Schwangerschaftswoche, HE
Kasten-Nr. 48, Abb. 4-5

Alle Vergrößerungen
In der pseudoglandulären Phase (7. – 17. Schwangerschaftswoche SSW) der Lungenentwicklung erweitern sich die Bronchien und Bronchioli mit gleichzeitiger Zunahme der Vaskularisation. In der darauffolgenden kanalikulären Phase entstehen aus jedem Bronchiolus terminalis zwei oder mehr Bronchioli respiratorii. Zu diesem Zeitpunkt haben sich Ductus et Sacculi alveolares als „primitive Alveolen“ mit Kapillarnetz ausgebildet.

4.6. LUNGE (PULMO), Katze, RESORZIN-FUCHSIN
Kasten-Nr. 49, ohne Abbildung

Alle Vergrößerungen
Die Strukturen der Lunge zeigen Abschnitte des Bronchialbaums und den Alveolenverband. In diesem Präparat wird mit der Elastikafärbung das gleichmäßig verteilte elastische Netz in der Wand der Pulmonalarterien, der Bronchien und der Alveolen dargestellt. Bei starker Vergrößerung sind elastische Verdickungen an den Alveoleneingängen als **Alveolarknöpfe** zu sehen.

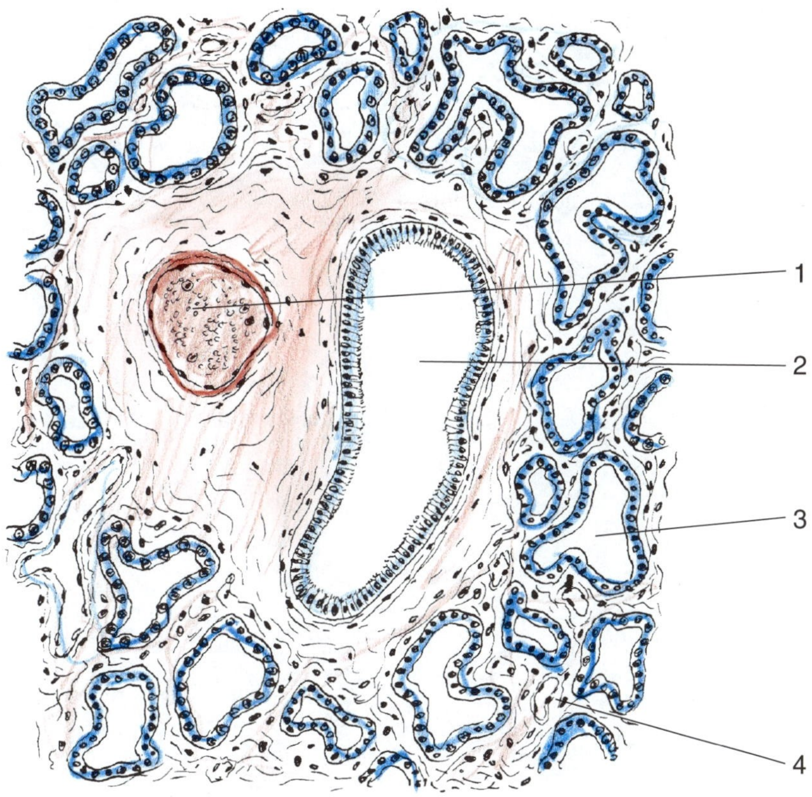

Abb. 4-5: Lunge, fetal

1 Ast der A. pulmonalis ....

2 Bronchiolus ....

3 Anlage der Bronchioli
(Alveolen nicht entfaltet) ....

4 Interstitium mit Kapillare ....

5 VERDAUUNGSAPPARAT

Zum Verdauungskanal gehören der Kopfdarm (Mundhöhle, Rachen) und der Rumpfdarm (Speiseröhre, Magen, Dünn- und Dickdarm mit Wurmfortsatz sowie Enddarm). In der Struktur des Verdauungskanals spiegeln sich seine vielfältigen Funktionen: Zerkleinerung der aufgenommenen Nahrung, chemischer Abbau des Speisebreis (Chymus), Resorption von Nährstoffen, Rückresorption von Wasser und Mineralstoffen, peristaltischer Transport des Speisebreis und endokrine Aktivität. Der Verdauungskanal ist Teil des Verdauungsapparats, zum dem u.a. die Leber, die Gallenblase und die Bauchspeicheldrüse gehören.

5.1 – 5.7 KOPFDARM

Die Mundhöhle (**Cavitas oris**), die in das **Vestibulum oris** und die **Cavitas oris propria** eingeteilt wird, enthält u.a. die Zunge und die Zähne als besondere Organe für die Zerkleinerung der Nahrung. Letztere wird durch die Speichelenzyme vorverdaut. Die Mundhöhlenschleimhaut besitzt ein mehrschichtiges unverhorntes Plattenepithel. An besonders stark beanspruchten Stellen (Zungenrücken, Wangenschleimhaut, harter Gaumen und Zahnfleisch) tritt verhorntes Epithel auf. Im subepithelialen Bindegewebe (Lamina propria) findet man kleine Speicheldrüsen (seromuköse Gll. labiales et buccales, muköse Gll. palatinae, seröse Spüldrüsen am hinteren Zungenrücken, muköse Gll. linguales posteriores am Zungengrund). Die Wand der Mundhöhle und ihre Organe besitzen als Grundgerüst Skelettmuskulatur (Lippen, Wangen, weicher Gaumen, Zunge) und Lamellenknochen (harter Gaumen, Ober- und Unterkiefer).

Die großen **Kopfspeicheldrüsen** (Gl. parotidea, Gl. sublingualis, Gl. submandibularis) sowie die Tonsillen (Tonsilla palatina, Tonsilla lingualis) zählen ebenfalls zu Organen der Mundhöhle.

5.1 LIPPE (LABIUM ORIS), HE
Kasten-Nr. 06, Abb. 5-1

Das Lippenrot entspricht dem **Übergang** der Haut (**Cutis**) in die Schleimhaut (**Mucosa**) der Mundhöhle und trägt diesen Namen, weil wegen des dünnen Stratum corneums die rote Eigenfarbe der Erythrozyten, die sich in Kapillaren der Lamina propria befinden, durchscheint. Der Musculus orbicularis oris (quergestreifte Skelettmuskulatur) prägt die Lippenform.

Makroskopische Betrachtung und Übersichtsvergrößerung
Der Sagittalschnitt durch eine Lippe zeigt an zwei Längs- und einer Schmalseite natürliche Begrenzungen sowie an der zweiten Schmalseite einen künstlichen Schnittrand. Der parallel zur Lippe längs verlaufende Musculus orbicularis oris ist quer geschnitten. Man mikroskopiere von der Haut über das Lippenrot zur Schleimhaut der Mundhöhle.

Mittlere und starke Vergrößerung
Die Haut (**Pars cutanea**) zeigt das bekannte Bild des mehrschichtigen verhornten Plattenepithels. Haaranschnitte, Talgdrüsen und kleine Schweißdrüsen fallen in der Dermis auf. Das Epithel des Lippenrots (**Pars intermedia**) ist schwach verhornt und über epitheliale Leisten mit Bindegewebspapillen der kräftig kapillarisierten Lamina propria verzahnt. Die Schleimhaut (**Pars mucosa**) wird von einem mehrschichtigen unverhornten Plattenepithel überzogen und enthält in der Lamina propria bis zu stecknadelkopfgroße Pakete seromuköser Gll. labiales. Drüsenausführungsgänge mit zweischichtigem Epithel, Nerven und Blutgefäße sind anzutreffen.

Hinweise
Eine blasse oder bläuliche Lippenfarbe kann ein diagnostischer Hinweis für eine Anämie bzw. einen Sauerstoffmangel (Cyanose) sein. Beim Säugling ist die Innenseite der Pars intermedia zottenartig für die bessere Haftung beim Saugen an der Brustwarze gestaltet. Das Zahnfleischepithel regeneriert in 8 bis 10 Tagen, während die Epidermis der Cutis 30 Tage benötigt. Abgeschilferte Epithelzellen der Mundhöhlenschleimhaut können zur Bestimmung des genetischen Geschlechts (Nachweis des Sex-Chromatins) benutzt werden.

5.2 – 5.3 ZUNGE

Die Zunge dient als Greif- und Sinnesorgan, weil im weitesten Sinn Speisen gefasst, Speisereste getastet und Geschmacksqualitäten vermittelt werden. Die Zunge besteht aus einem **Corpus** und einer **Radix**, getrennt durch den Sulcus terminalis. Man unterscheidet ferner die **Apex** und die als **Dorsum linguae** bezeichnete Oberfläche. Die inneren Zungenmuskeln entsprechen in allen drei Raumrichtungen verlaufenden Bündeln von Skelettmuskelfasern, die sich durchflechten. Die Muskelfasern entspringen und inserieren an der **Aponeurosis linguae**, einer horizontalen Bindegewebsplatte am Dorsum linguae, und am median-sagittal orientierten **Septum linguae**. Zungenverformungen sind möglich dank scherengitterartig angeordneter Bindegewebsfasern in der Aponeurose und dem Septum. Zwischen den Muskelbündeln findet man Binde- und Fettgewebe, Nerven- und Gefäßanschnitte sowie seröse Spüldrüsen im Bereich des Sulcus terminalis. Die Schleimhaut des Zungenrückens, die unverschieblich

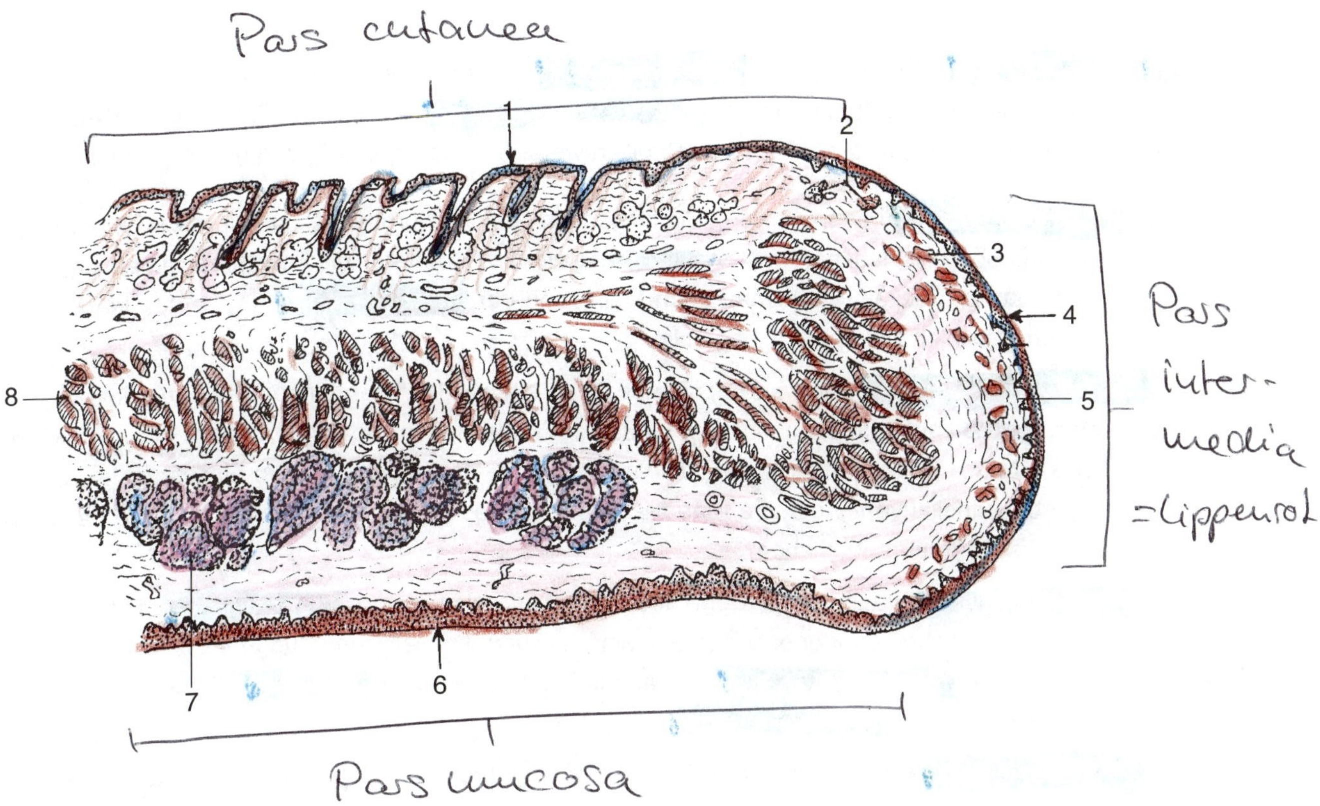

Abb. 5-1: Lippe

1	Epidermis der Haut	mehrschichtig verhorntes Plattenepithel
2	Freie Talgdrüsen (ohne Haarwurzeln)	
3	Kapillaren	
4	Lippenrot	schwach verhornt, Plattenepithel, viele Gefäße, Bindegewebsleisten
5	Bindegewebspapille	
6	Epithel der Mukosa (Mundhöhlenschleimhaut)	mehrschichtig unverhornt
7	Gll. labiales	seromukös
8	M. orbicularis oris	

an der Aponeurose befestigt ist, weist **Zungenpapillen** auf. Sie bilden zusammen mit den Rezeptororganen hoch spezialisierte Strukturen, die sensorische Qualitäten wie Schmerz, Temperatur, Druck und Geschmack vermitteln. Nach der Form der Papillen werden verschiedene Typen unterschieden:

- **Papillae filiformes** (Fadenpapillen): Sie zeigen ein stark verhorntes Stratum corneum. Der bindegewebige Sockel ist fadenartig. Als häufigste Papillenart finden sich die Fadenpapillen auf dem gesamten Zungenrücken. Sie dienen beim Menschen der Tastempfindung, da die Lamina propria reich an sensiblen Nervenendigungen ist.
- **Papillae fungiformes** (Pilzpapillen): Sie besitzen einen pilzartigen bindegewebigen Sockel und treten verstreut auf dem Zungenrücken sowie der Zungenspitze und dem -rand auf. Vor allem beim Kleinkind sind die Geschmacksknospen als spezifische Rezeptororgane der Geschmacksvermittlung intraepithelial vorhanden. Papillae fili- et fungiformes geben der Zungenoberfläche das charakteristische „rauhe" Aussehen".
- **Papillae foliatae** (Blattpapillen): Der bindegewebige Sockel ist von blattartiger Form. Die Papillae foliatae entsprechen quer orientierten Schleimhautfalten am seitlichen Zungenrand. Das Papillenepithel enthält Geschmacksknospen. In der Lamina propria treten Spüldrüsen auf. Beim Menschen sind die Blattpapillen schwach entwickelt.
- **Papillae vallatae** (Wallpapillen): Sie sind bei herausgestreckter Zunge vor dem v-förmigen Sulcus terminalis als warzenförmige Papillen mit bloßem Auge zu sehen. Papillae vallatae kommen bis zu 12 in der Anzahl vor und erreichen einen Durchmesser bis zu 3 mm. Wallpapillen entsprechen versenkten Papillen, die mit der Ebene der Schleimhautoberfläche abschließen. Im Papillenwandepithel sind Geschmacksknospen eingebettet. Eine Papille wird von einem **„Wallgraben"** umgeben, in den die Ausführungsgänge der großen serösen v. EBNER-Spüldrüsen einmünden. Mit dem Sekretfluss werden Geschmacksstoffe aus dem Graben gespült.

5.2 ZUNGE, PAPILLAE FILIFORMES ET FUNGIFORMES, HE
Kasten-Nr. 50, Abb. 5-2

Makroskopische Betrachtung und Übersichtsvergrößerung

Das Präparat hat eine natürliche Oberfläche, die kräftig gefärbt und stark zerklüftet ist. Weiterhin sind drei künstliche Schnittränder zu sehen.

Mittlere und starke Vergrößerung

Mindestens eine **Papilla fungiformis** ist im Präparat zu sehen. Sie besitzt eine charakteristische Pilzform. Von dem **bindegewebigen** Grundstock (**Primärpapille**) gehen kleine **Sekundärpapillen** ab. Das mehrschichtige Plattenepithel ist schwach oder nicht verhornt. Geschmacksknospen wie bei der Papilla vallata sind selten zu finden. **Papillae filiformes** sind in der Überzahl. Sie zeigen eine deutliche Verhornung des Epithels, wobei Hornspitzen entstehen. Sind sie ideal getroffen, hat der verhornte Papillenkörper eine „Tannenbaum-Form". Unter dem Papillenstroma liegt das straffe kollagene Bindegewebe der Aponeurosis linguae sowie quer, längs und vertical geschnittene Bündel von Zungenmuskulatur.

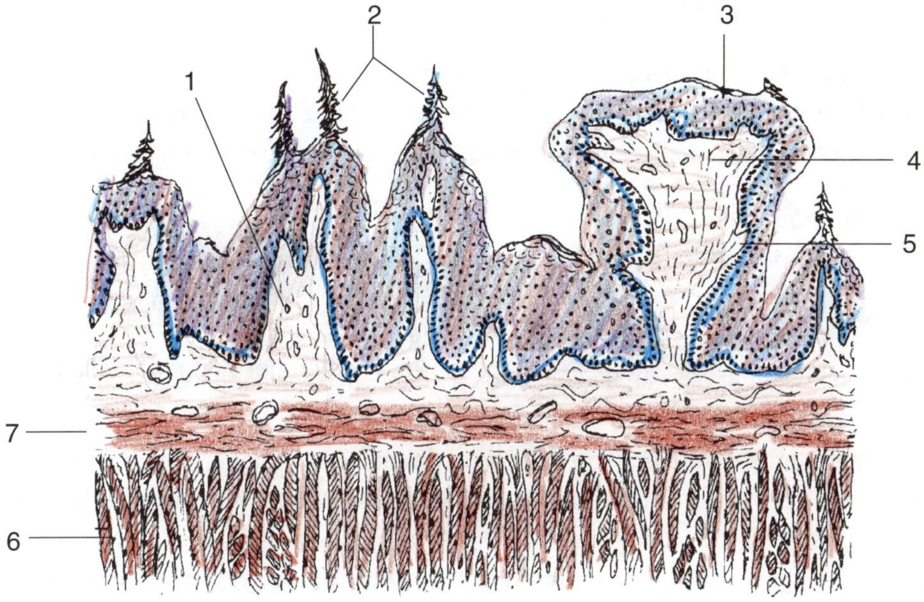

Abb. 5-2: Papillae filiformes et fungiformes

1, 4	Bindegewebspapille (Primärpapille)	mehrschichtiges, verhorntes PE
2	Papillae filiformes	
3	Epithel der Papilla fungiformis	PE schwach bis nicht verhornt
5	Bindegewebspapille (Sekundärpapille)	
6	Zungenmuskulatur	
7	Aponeurosis linguae	straffes kollagenes BG

5.3 ZUNGE, PAPILLA VALLATA, van GIESON
Kasten-Nr. 51, Abb. 5-3

Makroskopische Betrachtung und Übersichtsvergrößerung
Die leichte Vorwölbung auf der natürlichen Oberfläche entspricht einer Papilla vallata (Wallpapille). Unterhalb der Walleinsenkung sind kleine Speicheldrüsen bereits makroskopisch zu erkennen.

Mittlere und starke Vergrößerung
Das Bindegewebsstroma der Wallpapille ist kolbenförmig gestaltet. Von dieser **Primärpapille** gehen zahlreiche **Sekundärpapillen** ab, die mit dem mehrschichtigen, unverhornten Plattenepithel der Wallpapille verzahnt sind. Tangential angeschnittene Sekundärpapillen können mit Geschmacksknospen verwechselt werden, da beide Strukturen als aufgehellte Zonen im Papillenepithel erscheinen. Differentialdiagnostisch sind Sekundärpapillen „Ausknospungen" der Lamina propria. Geschmacksknospen besitzen dagegen keine (breite) Verbindung zur Lamina propria. Sie bestehen aus konzentrisch angeordneten Sinneszellen (Rezeptorzellen), Stützzellen, Basal- und Randzellen, die wie die Blätter einer Blumenknospe angeordnet sind. An der Basalseite der Rezeptorzellen liegen die Synapsen afferenter Nervenfasern des Nervus glossopharyngeus. Jede Papilla vallata wird von einem Wallgraben umgeben, in den die Ausführungsgänge der serösen EBNER-Spüldrüsen münden. Sie erstrecken sich von der Lamina propria bis zwischen die Zungenmuskulatur.

Hinweis
Die etwa 9000 Geschmacksknospen, die im Greisenalter auf ein Drittel abnehmen, vermitteln Geschmacksqualitäten wie süß, salzig, sauer und bitter.

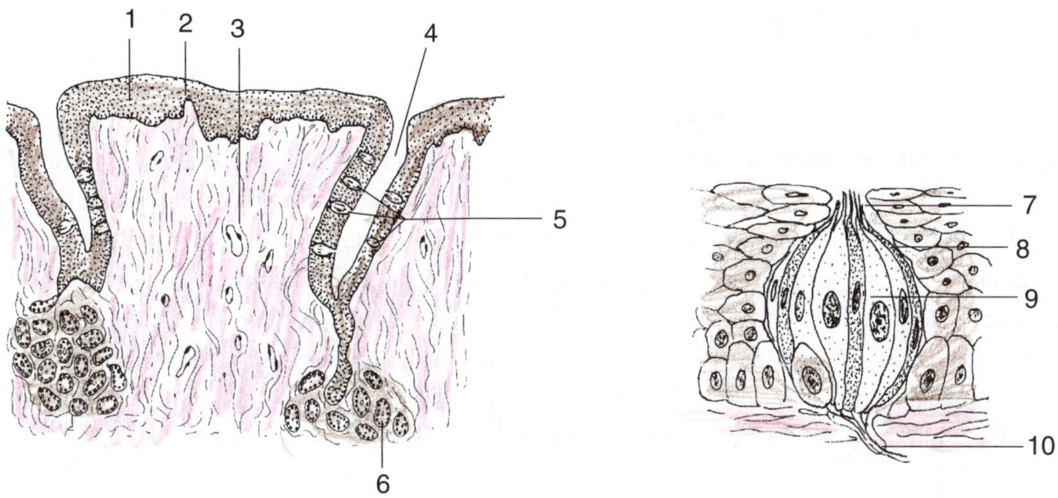

unverhorntes, mehrschichtiges Plattenepithel

Abb. 5-3: Papilla vallata (a) Übersicht; (b) Geschmacksknospe

1	Epithel auf der Papilla vallata	mehrschichtig unverhorntes PE
2	Bindegewebspapille - Sekundärpapille	
3	Bindegewebspapille - Primärpapille	
4	Wallgraben	
5	Geschmacksknospen	
6	v. EBNER-Spüldrüsenanschnitte	
7	Geschmackspore	
8	Stützzellen	
9	Sinneszellen mit Mikrovilli	
10	dendritisches Axon	

5.4 GAUMEN, PHARYNX, SPEICHELDRÜSEN, WANGE
keine Präparate

Der harte und weiche Gaumen (**Palatum durum** et **Palatum molle**) bildet den Gaumen. Am harten Gaumen ist das Bindegewebe der Schleimhaut mit dem Periost straff verbunden. Der weiche Gaumen (Abb. 5-4) zeigt auf der Mundhöhlenseite ein mehrschichtiges unverhorntes Plattenepithel, die Lamina propria und die Gaumenaponeurose. Der muskulöse Kern entspricht: M. tensor veli palatini, M. levator veli palatini, M. uvulae, M. palatopharyngeus, M. palatoglossus. Zwischen Aponeurose und Gaumenmuskulatur liegen große Komplexe muköser Gll. palatinae, deren Ausführungsgänge die Aponeurosen durchbohren und auf der **Mundhöhlenseite** münden. Auf der **Nasenseite** des weichen Gaumens wird das mehrschichtige Plattenepithel über charakteristische Zwischenstadien allmählich zu einem respiratorischen Epithel. In der Lamina propria kommen große Pakete gemischter Drüsen und Lymphfollikel vor.

Der **Pharynx** (Epi-Meso-Hypopharynx) reicht von der Schädelbasis bis zum Oesophagusmund. Der Wandaufbau des Pharynx entspricht im wesentlichen der Mundhöhlenwand. Nur der Epipharynx besitzt respiratorisches Epithel, welches die unpaare **Tonsilla pharyngea** an der Schädelbasis überzieht. Die paarige **Tonsilla tubaria** entspricht einer Anhäufung lymphatischen Gewebes um die Mündung der Ohrtrompete. Das sich an beiden Pharynxseitenwänden abwärts fortsetzende lymphatische Gewebe wird **„lymphatischer Seitenstrang"** genannt. Die Skelettmuskulatur des Pharynx entspricht dem M. constrictor pharyngis.

Die **kleinen Speicheldrüsen** kommen in den Lippen, der Wange und der Zunge vor. Zu den **großen Speicheldrüsen**, die neben der Leber und der Bauchspeicheldrüse als Anhangsdrüsen des Verdauungskanals bezeichnet werden, gehören die paarige Gl. parotidea, Gl. submandibularis und Gl. sublingualis. Diese Drüsen sind im Skript Histologie besprochen und sollen im Selbststudium mikroskopiert werden. Große und kleine Speicheldrüsen bilden funktionell eine Einheit. Pro Tag werden 1,5 bis 2 Liter Speichel gebildet.

Die Drüsenzellen aller großen Speicheldrüsen sezernieren merokrin. Sie produzieren serösen Speichel als „wässriges Lösemittel" sowie mukösen Schleim als „Gleitmittel" für den Nahrungsbrei. Das Sekret der serösen Endstücke enthält Enzyme wie zum Beispiel die Amylase zur Spaltung von Stärke oder Lysozym zum Abbau der Bakterienwand, IgA-Antikörper zur lokalen immunologischen Abwehr, Laktoferrin als eisenbindendes Protein. Mit dem Speichel werden Jod und Kalium sezerniert. In den Streifenstücken des Ausführungsgangsystems werden aus dem Speichel unter Energieverbrauch Natrium-Ionen rückresorbiert.

Die **Wange** wird hautseitig von einem mehrschichtigen verhornten Plattenepithel überzogen und zur Mundhöhle hin von dickem mehrschichtigem unverhorntem Plattenepithel bedeckt. Die Wangenwand enthält den quergestreiften M. buccinator sowie Pakete gemischter Drüsen (Gll. buccales), Gefäß- und Nervenanschnitte (A. und V. buccalis, Äste des N. facialis und des N. buccalis). Die Wange ist durch den BICHAT-Fettpfropf gepolstert. Die Wangenschleimhaut ist stark dehnbar. Dies kann beim Kauen zum Einklemmen der Schleimhaut zwischen die Zähne führen. Weil die Wangenschleimhaut, wenngleich langsam, Substanzen resorbiert, dient sie als buccaler Applikationsweg von Medikamenten.

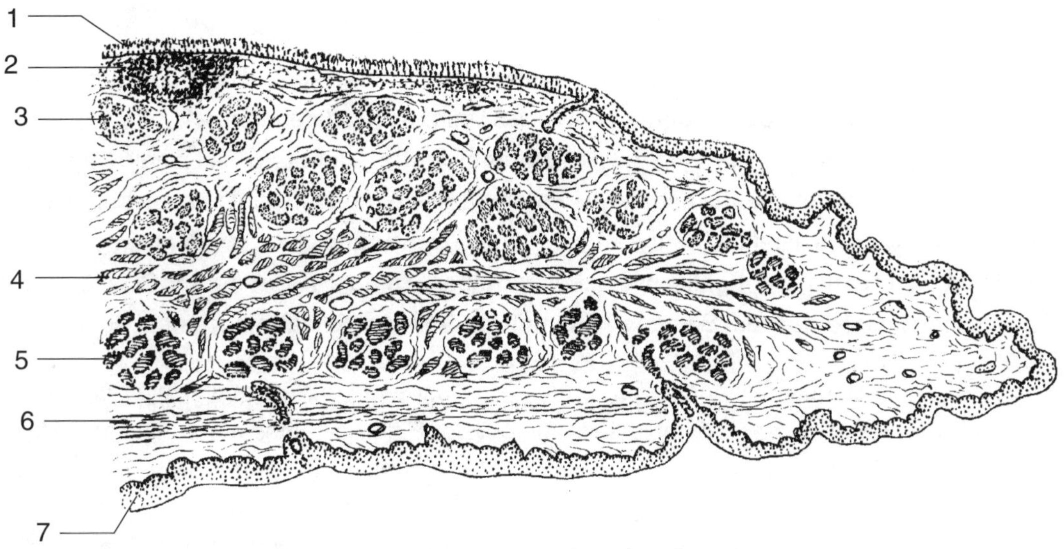

Abb. 5-4: Palatum molle

1 Pharynxschleimhaut ....

2 Lymphfollikel ....

3 Gll. pharyngeae ....

4 Gaumenmuskulatur (Skelettmuskulatur) ....

5 Gll. palatinae ....

6 Gaumenaponeurose ....

7 Mundhöhlenschleimhaut ....

5.5 – 5.8 ZÄHNE und ZAHNENTWICKLUNG

Milchzahn oder bleibender Zahn bestehen unabhängig von ihrer speziellen Form aus einer Krone (**Corona dentis**), dem Hals (**Cervix dentis**) sowie 1-5 Wurzeln (**Radices dentis**). Zähne enthalten eine mit Pulpa (**Pulpa dentis**) gefüllte Pulpahöhle (**Cavitas dentis**), deren Wurzelkanal (**Canalis radicis dentis**) am **Foramen apicis dentis** endet. Das Foramen ist die Pforte für ein- und austretenden Gefäße und Nerven. Das Stützgewebe der Zähne ist das Dentin (**Dentinum**, **Substantia eburnea**, **Zahnbein**). Es wird im Wurzelbereich vom geflechtknochenähnlichen Zement (**Cementum, Substantia ossea**) überzogen und in der Krone vom Schmelz (**Enamelum**, **Substantia adamantinea**) bedeckt.

Odontoblasten als Dentin-bildende Zellen säumen palisadenartig die Dentin-Pulpa Grenze. Infolge unterschiedlicher Reihung der Odontoblasten entsteht der Eindruck eines mehrreihigen Epithels. Von der apikalen Seite der Odontoblasten erstrecken sich die Fortsätze als **TOMES**-Fasern in **Dentinkanälchen**, die radiär durch das Dentin bis zum Schmelz verlaufen. Verzweigungen der TOMES-Fasern haben mit benachbarten Fasern Kontakt. Odontoblasten bilden zunächst **Prädentin** (Kollagen Typ I und Glykosaminoglykane). Durch Mineralisation (Einlagerung von Hydroxylapatit-Kristallen) entsteht **Dentin**.

Die Wand der Dentinkanälchen (**peritubuläres Dentin**) ist stark mineralisiert und wird NEUMANN-Scheide genannt. Sie besitzt weniger Hydroxylapatit aber mehr Kollagenfasern als das **intertubuläre Dentin**. Die innere Dentinschicht (**zirkumpulpales Dentin**) zeigt Spuren rhythmisch erfolgter Sekretion von Grundsubstanz und nachfolgender Mineralisation. Die äußere Dentinschicht (ca. 0,5 mm dick) mit stark verzweigten Dentinkanälchen wird als **Manteldentin** bezeichnet. Kugelförmige Dentinballen (**Globulardentin**) an der Grenze zum Schmelz bzw. Zement liegen in kalksalzfreien Bezirken der Grundsubstanz als **Interglobulardentin**. Wird es beim Mazerieren zerstört, erscheinen im Zahnschliff freie (dunkle) Räume, i.e. die **Interglobularräume** in der Zahnkrone und die **TOMES-Körnerschicht** im Wurzelbereich. Von den Odontoblasten geht zeitlebens neues Dentin (Ersatzdentin) aus.

Der **Schmelz** ist die härteste Substanz des Körpers (97% anorganisches und etwa 3% organisches Material). Schmelz besteht aus Bündeln von ca. 4 bis 9 µm langen **Schmelzprismen** aus Hydroxylapatit, aus **zwischenprismatischem Schmelz** sowie den **Prismenscheiden** aus nicht mineralisierter Grundsubstanz. Schmelz wird vom Schmelzoberhäutchen (**Cuticula dentis**) überzogen (nur nach Zahndurchbruch). Wenn Schmelz im Zahnschliff des unentkalkten Zahns untersucht wird, bilden sich Streifen (SCHREGER-HUNTER-Streifen, RETZIUS-Streifen). Sie sind durch die spiralig verlaufenden Prismenbündel bedingt. Schmelzbildende Zellen fehlen am bleibenden Zahn, weswegen sich der Schmelz im Laufe des Lebens abnutzt und nicht ersetzt werden kann.

Das **Zement** ist ein Geflechtknochen, dessen größerer Anteil zellfrei ist und **azellulär-fibrilläres** Zement genannt wird. **Zellulär-fibrilläres** Zement kommt in geringem Anteil an der Wurzelspitze und bei mehrwurzeligen Zähnen zwischen den Wurzeln vor. Im Periost des Zementes wurzeln SHARPEY-Fasern (s. unten). **Azellulär-afibrilläres** Zement findet sich im Bereich des Zahnhalses an der Zement-Schmelzgrenze.

Die **Pulpa dentis** besteht aus lockerem kollagenem Bindegewebe mit gelartiger Grundsubstanz, ähnlich dem gallertigen Bindegewebe. Die Pulpa dentis ist gut vaskularisiert und innerviert. **Pulpozyten** entsprechen Fibroblasten. Lymphozyten, Monozyten, Plasmazellen und Granulozyten kommen als freie Zellen vor. Die Pulpagrenze bilden Odontoblasten, unter denen der subodontoblastische Kapillarplexus und der RASCHKOW-Nervenplexus liegt. Von ihm ziehen Äste bis ins Prädentin und in die Dentinkanälchen.

SHARPEY-Fasern gehören zur Wurzelhaut (**Periodontium**, **Desmodontium**, **Lig. periodontale**), die den Raum zwischen Zement und Alveolenwand füllt. Die SHARPEY-Fasern sind im Periost des Zements und des Lamellenknochens der Alveolenwand verankert. Weiterhin verbinden sich die SHARPEY-Fasern mit dem der Wurzelhaut anliegenden Zahnfleisch. Die Wurzelhaut ist ein Teil des Zahnhalteapparates (**Parodontium**), zu dem weiterhin das Zement des Wurzelbereiches, die Alveolenwand und das die Wurzelhaut bedeckende Zahnfleisch gehören. Im Parodontium ist der Zahn federnd „aufgehängt". Nerven und Gefäße liegen druckgeschützt in lockeren Bindegewebsaussparungen.

Als **Zahnfleisch (Gingiva)** wird der Teil der Mundschleimhaut bezeichnet, der fest mit dem Knochen der Alveolarfortsätze der Kiefer verbunden ist (**Pars fixa gingivae**). Unter der marginalen Gingiva (**Pars libera gingivae**) wird der Zahnfleischsaum verstanden, der um etwa 2 mm den Oberrand des Alveolarknochens überragt. Dieser Anteil der Gingiva liegt dem Zahnhals unter Bildung einer Vertiefung (**Sulcus gingivalis**) locker an. Die Außenseite des Sulcus wird von einem bis 150 µm dicken Epithel bedeckt, welches tiefe Papillen besitzt und häufig Verhornungen zeigt. An der Innenseite liegt das niedrigere Saumepithel (**Verbindungsepithel**). Es ist über die innere Basalmembran mit dem Schmelz-Oberhäutchen bzw. dem azellulär-afibrillären Zement des Zahnhalses verbunden. Die äußere Basalmembran grenzt an das subepitheliale Bindegewebe. Die Verankerung des Saumepithels führt zum **dento-gingivalen Verschluss**. Ist er geschädigt, entstehen Zahnfleischtaschen.

Hinweise

Zähne werden entweder entmineralisiert (**entkalkt**), bevor histologische Schnitte angefertigt werden. Bei **Dünnschliffpräparaten** dagegen erfolgt zunächst die Mazeration (Entfernung organischer Bestandteile), bevor dünne Scheiben gesägt und geschliffen werden.

Unter der **Gomphosis** wird in der Zahnheilkunde die Verbindung der SHARPEY-Fasern zwischen Zahn und Zahnfach (Alveole) verstanden. Die **Paradentose** entspricht einem degenerativen Prozess mit Schwund des Parodontiums und verstärkter Bildung von Zahnfleischtaschen.

5.5 ZAHN in Alveole (längs), HE
Kasten-Nr. 52, Abb. 5-5

Makroskopische Betrachtung und Übersichtsvergrößerung
Im entkalkten Längsschnitt des Katzenzahns wurde der Schmelz aufgelöst. Er fehlt folglich präparationsbedingt. Man identifiziere **Krone**, **Hals**, **Wurzel**, das **Foramen apicis dentis** als Ausgang der **Pulpahöhle** und als Aus- und Eintrittspforte für Nerven, Blut- und Lymphgefäße. Die Zahnwurzel ist über die Wurzelhaut mit der Alveolenwand verbunden. Im Bereich des Zahnhalses bildet die marginale Gingiva den **Sulcus gingivalis** und damit den dento-gingivalen Verschluss.

Mittlere und starke Vergrößerung
Die Zahnpulpa mit lockerem kollagenem Bindegewebe und einer gallertigen Grundsubstanz erstreckt sich von der Wurzel bis zur Krone. Gefäß- und Nervenanschnitte sowie der subodontoblastische Kapillar- und Nervenplexus fallen auf. Die Zahnpulpa wird nach außen von dem **Odontoblastensaum** begrenzt. Die Fortsätze der Odontoblasten sind in **Dentinkanälchen** als radiäre Streifung zu beobachten. Die Fortsätze scheiden heller gefärbtes **Prädentin** ab, das in das dunklere mineralisierte **Dentin** übergeht. Zwischen Prädentin und Odontoblastensaum kann fixationsbedingt ein Schrumpfungsspalt entstanden sein. Vor der ehemaligen Dentin-Schmelz-Grenze bzw. der vorhandenen Dentin-Zement-Grenze ist das helle Manteldentin als Korrelat sich verzweigender Dentinkanälchen zu entdecken. Im Wurzelbereich wird Dentin von einer dünnen, sich blau-violett darstellenden Zementschicht bedeckt. In sie strahlen SHARPEY-Fasern des Periodontiums ein. Dieses wird nach außen von der aus Lamellenknochen bestehenden Alveolenwand begrenzt.

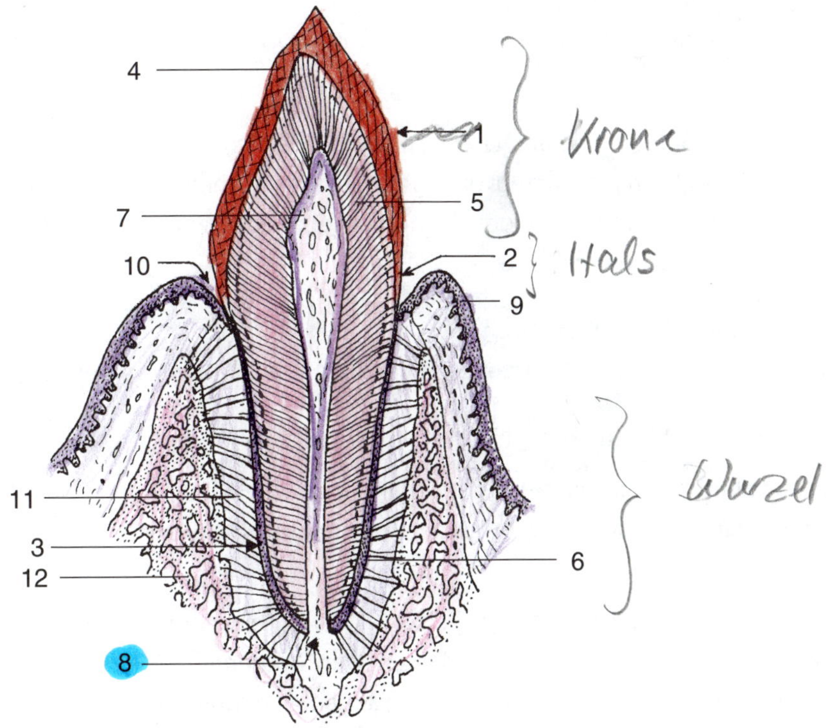

Abb. 5.5: Zahn in Alveole, (längs)

1	Zahnkrone	
2	Zahnhals	
3	Zahnwurzel	
4	Schmelz	fehlt präparationsbedingt o. nur sehr dünn
5	Dentin	an äuß. Grenze → helles Manteldentin
6	Zement	mit einstrahlenden Sharpey-Fasern
7	Zahnpulpa	mit Odontoblasten, Schicht darüber = Prädentin
8	Foramen apicis dentis	
9	Gingivaepithel	
(10	Sulcus gingivalis)	→ bildet dento-gingivalen Verschluß
11	Wurzelhaut	
12	knöcherne Alveolenwand	

5.6 ZAHN in Alveole (quer), HE
Kasten-Nr. 53, Abb. 5-6

Makroskopische Betrachtung und Übersichtsvergrößerung
Zwei bis drei Alveolen mit bevorzugt quer geschnittenen Zahnwurzeln fallen auf. Ein bis zwei in Entwicklung stehende Zähne sind vorhanden. Der Lamellenknochen der Alveolenwand ist zu sehen und wenig von der alveolären Gingiva.

Mittlere und starke Vergrößerung
Eine quer geschnittene **Zahnwurzel** zeigt von innen nach außen verschiedene Bereiche:

- **Zahnpulpa** mit Gefäßen und Nerven
- **Odontoblasten** als epithelartiger Saum an der Grenze zum Prädentin. Die fixationsbedingte Schrumpfung zwischen Odontoblastensaum und Prädentin kann zu einem artefiziellen Spalt führen.
- Das hell rötlich gefärbte **Prädentin** ist von zirkumpulpalem, eher kräftig rot gefärbtem **Dentin** umgeben. Die konzentrisch angeordneten **Dentinlamellen** (OWENS-Streifen), die undeutlich zu sehen sind, entsprechen der in rhythmischen Schüben ablaufenden Dentinbildung. Deutlich erkennbar ist dagegen die radiäre Streifung der Dentinkanälchen, die TOMES-Fasern durchziehen. Die Kanälchen reichen fast bis zur Dentin-Zement-Grenze. Dort findet sich das hellere **Manteldentin** (verglichen mit dem dunkler rot gefärbten Dentin) sowie die **Interglobularräume** als TOMES-Körnerschicht, die wenig hervortritt.
- Eine azellulär-fibrilläre **Zement„schale"** ist im Wurzelbereich als äußerer Abschluss zu sehen. Das Zement ist von Periost bedeckt.
- In der Wurzelhaut verlaufen in radiärer Richtung **SHARPEY-Fasern**. Blutgefäße und Nervenfasern liegen druckgeschützt in röhrenförmigen Aussparungen, umgeben von lockerem Bindegewebe.
- Über das Periost des sich entwickelnden Lamellenknochens verbindet sich die Wurzelhaut mit der Alveolenwand des Kieferknochens.

Hinweis
In einem Zahnschliffpräparat sind die Dentinkanälchen und die Interglobularräume der TOMES-Körnerschicht mit Luft gefüllt. Diese reflektieren, wenn sie eine bestimmte Größe nicht überschreiten, durchfallendes Licht vollständig (Totalreflexion). Dadurch entsprechen im Dentin die dunklen Streifen den Kanälchen und die dunklen Zonen der TOMES-Körnerschicht. Das azellulär-fibrilläre Zement bleibt dagegen strukturlos.

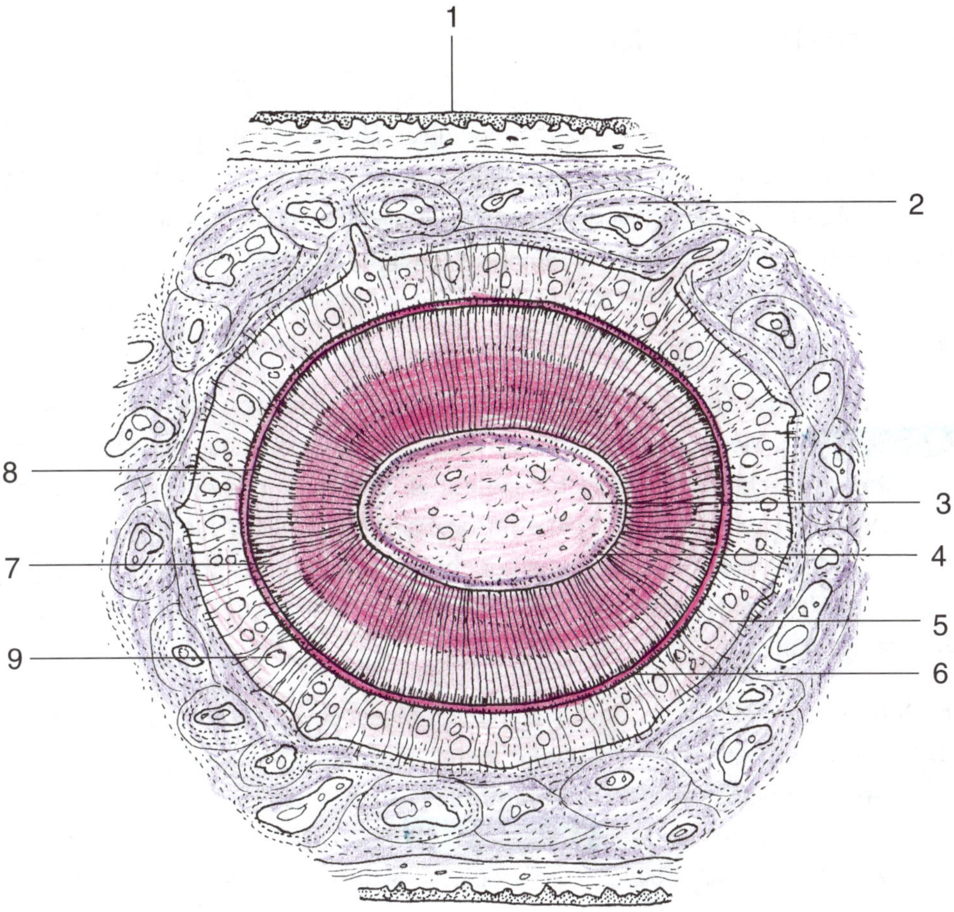

Abb. 5-6: Zahn in Alveole, quer

1 Gingivaepithel ....

2 Alveolarknochen* ....

3 Zahnpulpa ....

4 Odontoblastensaum ....

5 Wurzelhaut ....

6 Zement ....

7 Dentinkanälchen ....

8 TOMES-Körnerschicht mit Manteldentin ....

9 bindegewebige Aussparung (Polsterung) für Gefäße und Nerven ....

* im vorgelegten Präparat geflechtartig, in der Skizze Lamellenknochen

5.7 – 5.8 ZAHNENTWICKLUNG

Die Zahnentwicklung wird vom Ektoderm der embryonalen Mundhöhle eingeleitet. Etwa ab der 6. Woche entsteht eine bogenförmige **Zahnleiste**, die vom Oberflächenepithel der Mundhöhlenschleimhaut senkrecht in das Mesenchym der mesodermalen Kieferanlagen wächst. Es entwickeln sich im Ober- und Unterkiefer je 10 kolbenartige **Zahnknospen** (**Schmelzorgane**) als Anlage der späteren 20 Milchzähne. Während des 3. Embryonalmonats entstehen auf der Ersatzzahnleiste die Anlagen der 32 bleibenden Zähne.

Jedes Schmelzorgan beginnt als „kugelige" Epithelknospe. Sie formt sich über ein **Kappenstadium** in eine **Schmelzglocke** um. Diese besteht aus einem kubisch bis prismatischen **äußeren Schmelzepithel** und einem hochprismatischen **inneren Schmelzepithel**. Zwischen innerem und äußerem Schmelzepithel entwickelt sich ein aufgelockerter Epithelverband als gefäßfreie Schmelzpulpa. Das Mesenchym der „Glockenöffnung" entspricht der Zahnpapille oder der **primären Zahnpulpa**. Zwischen innerem Schmelzepithel und Mesenchym befindet sich bis zur Bildung der Hartsubstanzen eine Basalmembran (**Membrana praeformativa**).

Das **innere Schmelzepithel** regt die Umwandlung von Mesenchymzellen der Zahnpapille zu Dentinbildnern (**Odontoblasten**) an. Diese wiederum induzieren die Differenzierung der **Schmelzbildner** (Präameloblasten, **Ameloblasten** bzw. **Adamantoblasten**) aus dem **inneren Schmelzepithel**. Das Mesenchym um die Zahnanlage wird zum **Zahnsäckchen**. Nach Abschnürung des Schmelzorgans von der Zahnleiste wird diese zurückgebildet. Zu dieser Zeit hat sich bereits die Ersatzleiste mit den Zahnknospen für das bleibende Gebiss formiert.

Im 4. Fetalmonat beginnt die **Dentinbildung** durch die **Odontoblasten**. Zunächst liegt zwischen Odontoblasten und Ameloblasten nichtmineralisiertes **Prädentin**, das aus dicken Kollagenfaserbündeln (KORFF-Fasern) besteht. Später kommt organische Dentinmatrix hinzu. Durch die zeitversetzte Bildung werden die Fortsätze der Odontoblasten als TOMES-Fasern in die Dentinkanälchen eingeschlossen. Anschließend folgt im odontoblastenfernen Teil des Prädentins die Mineralisierung zu Dentin. Zuerst bildet sich das **Manteldentin** und dann breitet sich die Mineralisierung in rhythmischen Schüben pulpawärts aus, wodurch die **Dentinlamellen** entstehen.

Schmelz entsteht später als Dentin: Das innere Schmelzepithel wandelt sich in hochprismatische **Ameloblasten** mit den typischen Merkmalen sezernierender Zellen (viel rauhes endoplasmatisches Retikulum, große GOLGI-Felder, zahlreiche Mitochondrien und Sekretgranula) um. Ameloblasten besitzen zunächst Mikrovilli an ihrer apikalen Oberfläche. Danach entwickeln Ameloblasten apikal einen langen Fortsatz, der durch die organische Schmelzmatrix in Richtung Dentin wächst. Die Fortsätze beeinflussen die in Schüben verlaufende Kristallisation des Schmelzes, wobei Schmelzprismen und deren Kittsubstanz entstehen. Das **Schmelzoberhäutchen** sezernieren die Ameloblasten, die beim Zahndurchbruch erhalten sind. Danach resorbieren sie die Reste der Schmelzmatrix und gehen letztendlich zu Grunde. Der **Schmelz** ist somit **zelllos** und **regeneriert** nicht. Schmelz stammt vom Ektoderm der Mundhöhle ab, Dentin und Zement entwickeln sich aus dem darunter liegenden speziellen Mesenchym der Neuralleiste (Kopfmesenchym, Ektomesenchym).

Die Schmelzbildung der Zahnkrone entsteht **vor** der **Wurzelentwicklung**. Die Umschlagfalte zwischen äußerem und innerem Schmelzepithel wächst als **HERTWIG-Scheide** in die Tiefe. Entsprechend den verschiedenen Anzahlen der späteren Wurzeln pro Zahnanlage werden epitheliale Röhren geformt. Da die Schmelzpulpa in der HERTWIG-Scheide fehlt, ist diese zweischichtig. An ihrer Innenseite lagern sich Odontoblasten an und bilden das Wurzeldentin. In der Folge geht das Schmelzepithel zu Grunde und wird durch **Mesenchymzellen** des **Zahnsäckchens** ersetzt (**Lamina cementoblastica**), die sich zu **Zementoblasten** differenzieren. Zellfreies Zement entsteht. Verbleibende Anteile des Zahnsäckchens (**Lamina periodontoblastica** und **Lamina osteoblastica**) werden zur Wurzelhaut (Periodontium) und zur Alveolenwand. Durch die wachsenden Zahnwurzeln wird die Zahnanlage mundhöhlenwärts geschoben. Der Zahndurchbruch (**Dentition**) tritt ein. Die Entwicklung der Zahnwurzel ist für die Milchzähne Anfang des 4. Lebensjahres beendet, für die bleibenden Zähne zwischen dem 8. bis 20. Lebensjahr. **Ersatzzähne** und **Zuwachszähne** entstehen wie Milchzähne, jedoch über einen längeren Zeitraum. Die Zahnwurzeln der Milchzähne werden vor der Dentition der Ersatzzähne von Osteoklasten resorbiert. Vor ihrem Ausfall dienen Milchzähne als „Platzhalter“ für Ersatzzähne.

5.7 ZAHNENTWICKLUNG I, AZAN
Kasten-Nr. 54, Abb. 5-7

Makroskopische Betrachtung und Übersichtsvergrößerung
Bei dem Frontalschnitt durch den Kopf eines Schweineembryos sind die Hirnbläschen, die Anlagen der Augen, der Nasenhöhle mit Nasenmuscheln und der Mundhöhle mit Zunge und Kieferanlagen zu finden. Vom Mundhöhlenepithel senkt sich die Zahnleiste zwischen das Mesenchym der Kieferanlagen ein. Eine komplette, mit der Zahnleiste verbundene **Schmelzglocke** wird dann gefunden, wenn die Schnittebene durch Leiste und Glocke geht.

Mittlere und starke Vergrößerung
Eine zentral geschnittene Schmelzglocke wird ausgewählt. Das dünnere äußere und dickere innere Schmelzepithel sind leicht zu identifizieren. Sie umfassen die **Schmelzpulpa** mit dem **Stratum intermedium**, das unmittelbar an das innere Schmelzepithel grenzt, und mit dem **Stratum reticulare** für den größeren Teil der primären Pulpa. Sie ist durch die kräftig blau gefärbte **Membrana praeformativa** vom inneren Schmelzepithel getrennt. Aus den angrenzenden Mesenchymzellen der Zahnpulpa (Zahnpapille) gehen die **Odontoblasten** als Dentinbildner hervor. Das **Zahnsäckchen** entspricht dem zellreichen Mesenchym um die Zahnanlage. Aus ihm geht später der Zahnhalteapparat hervor. Im Unterkiefer spielt sich eine desmale Ossifikation ab.

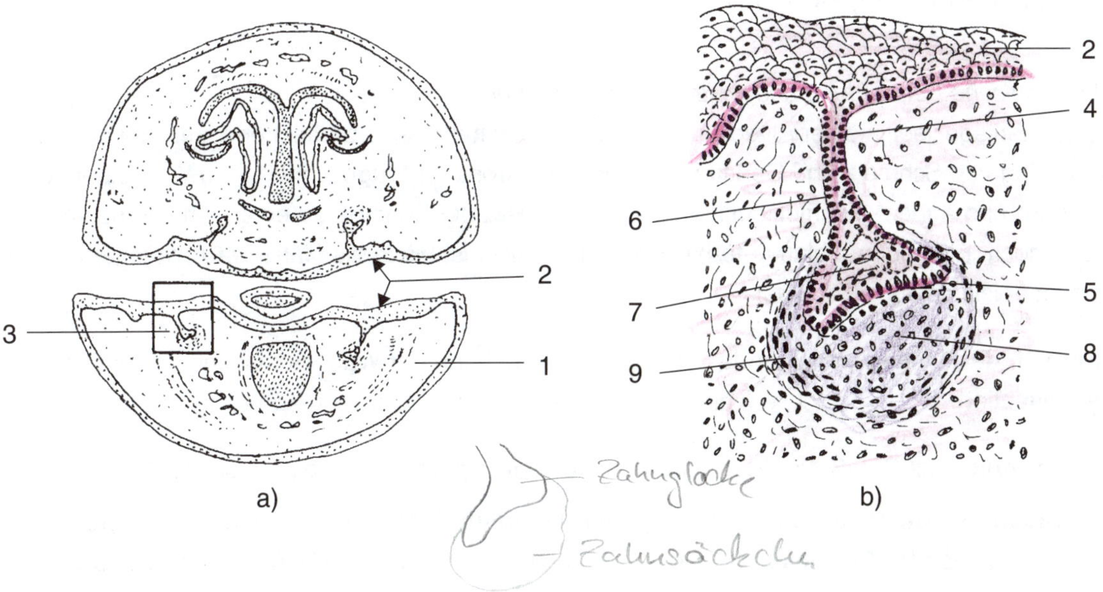

Abb. 5-7: Zahnentwicklung I
a) embryonaler Schweinekopf mit Zahnanlagen (Frontalschnitt, Übersicht)
b) Schmelzglocke (Ausschnitt aus a))

1	Unterkiefer	UK
2	Mundhöhlenepithel	Mundhöhlenepithel
3	Schmelzglocke	Schmelzglocke
4	Zahnleiste	Zahnleiste
5	inneres Schmelzepithel	inneres Schmelzep.
6	äußeres Schmelzepithel	äußeres Schmelzep.
7	Schmelzpulpa	Schmelzpulpa
8	primäre Zahnpulpa	primäre Zahnpulpa
9	Zahnsäckchen	Zahnsäckchen

5.8 ZAHNENTWICKLUNG II, AZAN
Kasten-Nr. 55, Abb. 5-8

Makroskopische Betrachtung und weitere Vergrößerungen
Eine Zahnanlage liegt in einer Alveole mit der Zahnspitze nahe am Oberflächenepithel der Gingiva. Die Entwicklung von Schmelz und Dentin im Bereich der Krone ist fortgeschritten. Im Wurzelbereich sind das innere und äußere Schmelzepithel sowie die HERTWIG-Scheide zu erkennen. Demzufolge fehlt Zement noch. Eine dünne, blau gefärbte Prädentinschicht ist bis in die Nähe der Anlage des späteren Foramen apicis dentis gebildet.

Im **Bereich der Krone** sind folgende Schichten entsprechend der Wachstumsrichtung von innen nach außen orientiert:

- **Zahnpulpa** mit Gefäß- und Nervenanschnitten sowie palisadenartigem **Odontoblastensaum**
- **Prädentin** (blau) mit scharfer Grenze gegen das **Dentin** (rot). Prädentin und Dentin werden von radiär verlaufenden **Dentinkanälchen** mit Odontoblastenfortsätzen (**TOMES-Fasern**) durchsetzt.
- Eine schmale Kappe entspricht dem ebenfalls leuchtend rot gefärbten **Schmelz**. Er ist vom Dentin durch einen artefiziellen Spaltraum getrennt, der bei der Präparation entstanden ist. Ein Spaltraum kann auch zwischen Odontoblasten und Prädentin zu beobachten sein.
- Hochprismatische **Ameloblasten** entsprechen den Schmelzbildnern.
- Reste der **Schmelzpulpa** liegen seitlich der Krone, basal zur Ameloblastenreihe. Der Aufbau der Pulpazellen erinnert an lockeres kollagenes Bindegewebe.
- Das **äußere Schmelzepithel** ist nur stellenweise seitlich der Krone erhalten. Angrenzende Mesenchymzellen repräsentieren als äußerste Schicht das Zahnsäckchen.

Die Schichtung im **Bereich der Zahnwurzel** ist von innen nach außen wie folgt zu beschreiben:

- Zahnpulpa mit **Odontoblasten**
- **Prädentin** bzw. **Dentin,** wobei in der Nähe zum Foramen apicis dentis noch kein Prädentin / Dentin gebildet ist.
- Inneres **Schmelzepithel**, **Schmelzpulpa**, äußeres **Schmelzepithel** und **Zahnsäckchen**
- **Geflechtknochen** der Alveolenwand mit Periost, der sich später in Lamellenknochen umwandelt.

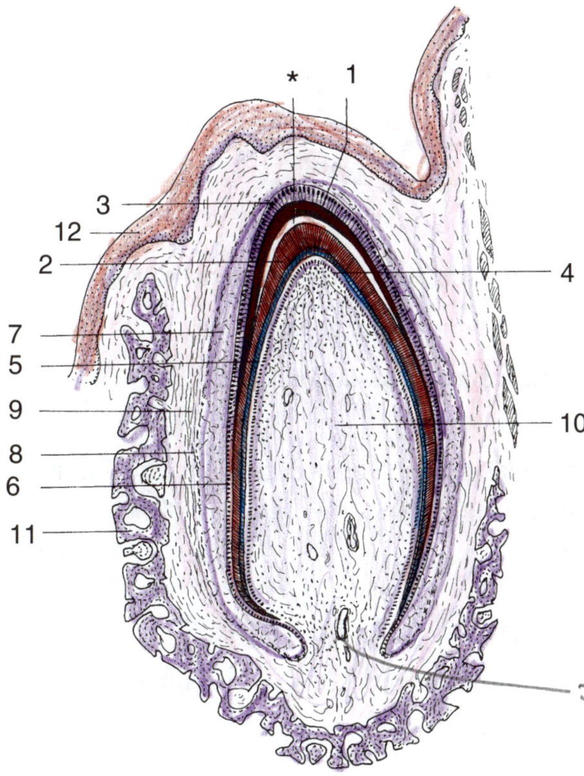

Abb. 5-8: Zahnentwicklung II

1 Schmelz leuchtend rot

2 Dentin

3 Ameloblasten beeinflussen Kristallisation d. Schmelzes —> Schmelzprismen + Kittsubstanz

4 Odontoblasten

5 Prädentin

6 inneres Schmelzepithel

7 Schmelzpulpa

8 äußeres Schmelzepithel

9 Zahnsäckchen

10 sekundäre Zahnpulpa

11 Alveolarknochen

12 Gingiva

* Schrumpfungsartefakt

5.9 – 5.16 RUMPFDARM

Vom Oesophagus bis zum Rectum zeigt die Wand des Verdauungstraktes einen prinzipiell vergleichbaren Grundaufbau in vier Hauptschichten:

1. Die Schleimhaut (**Tunica mucosa**, abgekürzt Mucosa) entspricht der inneren Schicht mit drei Anteilen:
   - der Epithelschicht (**Lamina epithelialis mucosae**) mit einer Basalmembran
   - dem Bindegewebe (**Lamina propria mucosae**)
   - der Muskelschicht (**Lamina muscularis mucosae**)

2. Die **Tela submucosa** (abgekürzt Submucosa) gehört zur zweiten Hauptschicht. In ihr verteilen sich Nerven und Blutgefäße. Die Submucosa ermöglicht Verschiebungen der Schleimhaut gegen die Muskelschicht.

3. Die **Tunica muscularis** (Muscularis) besteht aus:
   - einer inneren Ringmuskelschicht (**Stratum circulare**)
   - einer äußeren Längsmuskelschicht (**Stratum longitudinale**)

4. Als vierte Schicht folgt:
   - die **Tunica adventitia** (Adventitia) aus kollagen-elastischem Bindegewebe, das den jeweiligen Darmabschnitt mit der Umgebung verbindet
   - oder eine **Tunica serosa** (Serosa) aus einschichtigem Plattenepithel des Peritoneums (Mesothel) und aus dem subserösen (subepithelialen) Bindegewebe (**Tela subserosa**).
     Die Serosa trennt den Darmabschnitt von der Bauchhöhle.
     Die Tela subserosa und die Tunica adventitia führen größere Blut- und Lymphgefäße mit univakuolärem Fettgewebe.

Die Darmperistaltik wird nervös vom **Plexus myentericus** (AUERBACH-Plexus) gesteuert, der zwischen Ring- und Längsmuskelschicht liegt und die Tunica muscularis innerviert. Das ständig wechselnde Relief der Schleimhautfalten ist durch die Kontraktion der Lamina muscularis mucosae bedingt. Sie und die Drüsen werden vom **Plexus submucosus** (MEISSNER-Plexus) innerviert, der in der Tela submucosa liegt.

Notizen:

5.9 OESOPHAGUS (SPEISERÖHRE), HE
Kasten-Nr. 03, Abb. 5-9

Der Oesophagus ist ein muskulöser, ca. 25 cm langer Schlauch, in dem die Nahrung peristaltisch in den Magen befördert wird. Die Oesophaguswand besitzt die typische Schichtung der Darmwand. Beim Menschen zeigt die **Tunica mucosa** ein **mehrschichtiges, nicht verhorntes** Plattenepithel. Bei Körnerfressern wie beim Huhn liegt eine Verhornung vor. Die Tunica muscularis besteht im oberen Drittel aus Skelettmuskelfasern, im mittleren Drittel aus Skelettmuskelfasern und glatter Muskulatur, im unteren Drittel nur aus glatter Muskulatur. Die äußere Schicht entspricht einer Tunica adventitia, ausgenommen ist der magennahe untere Anteil des Oesophagus, der von Serosa bedeckt ist.

Makroskopische Betrachtung und Übersichtsvergrößerung
Das sternförmige Lumen des Querschnittes verweist auf die Längsfaltung (Reservefalten) der Schleimhaut. Das Lumen wird innen von einem mehrschichtigen unverhornten Plattenepithel der **Lamina epithelialis mucosae** ausgekleidet, die mit den hohen Bindegewebspapillen der **Lamina propria mucosae** interdigitiert. Kleine Lymphfollikel deuten auf lokale immunologische Abwehrprozesse hin. Die dicke **Lamina muscularis mucosae** besteht aus quer geschnittenen glatten Muskelzellen, die ihrem längs gerichteten Verlauf entsprechen.

In der **Tela submucosa** liegen muköse **Gll. oesophageae**, deren Schleim für die Gleitfähigkeit des Speisebreis sorgt. In der Tela submucosa findet sich ein distinktes Venengeflecht.

Die **Tunica muscularis** zeigt im Querschnitt längs und quer geschnittene (hier glatte) Muskelzellen der inneren Ring- und äußeren Längsmuskelschicht. In der **Tunica adventitia** sind Anschnitte durch Blutgefäße und durch den Nervus vagus zu sehen.

Mittlere und starke Vergrößerung
Im Stratum germinativum sind Mitosen gut zu sehen, da das Epithel innerhalb von 3 Tagen erneuert wird. Zellkerne treten bis in die oberste abgeflachte Epithelschicht auf. Der **Plexus submucosus** ist schwer zu erkennen. Dagegen fällt der **Plexus myentericus** (AUERBACH) zwischen der Ring- und Längsmuskelschicht der Tunica muscularis auf. Er besteht aus Ganglienzellen mit großem chromatinarmem Kern mit distinkten Nucleoli sowie in verschiedenen Richtungen angeschnittenen Nervenfaserbündeln.

Hinweise
Wenn beim Übergang vom Oesophagus in den Magen der muskulöse Sphinkter insuffizient ist, tritt ein Reflux des sauren und enzymhaltigen Mageninhaltes ein. Die Oesophagusschleimhaut wird entzündlich verändert und ulzeriert. Bei Degeneration des Plexus myentericus ist die Oesophagusperistaltik gestört und der Nahrungstransport behindert (Achalasie).

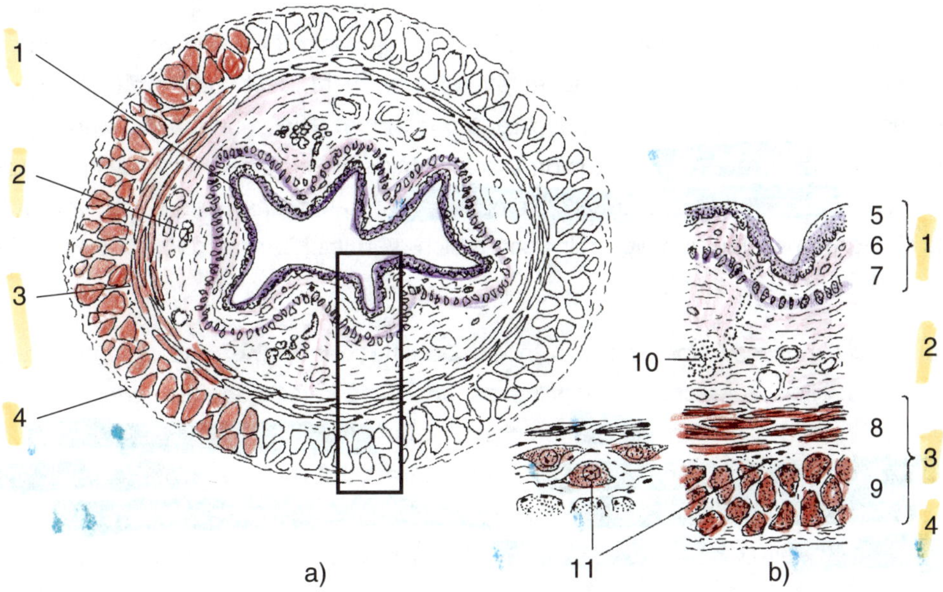

Abb. 5-9: Oesophagus (quer),
a) Übersicht; b) Ausschnitt

1 Tunica mucosa ....

2 Tela submucosa ....

3 Tunica muscularis ....

4 Tunica adventitia ....

5 Lamina epithelialis mucosae ....

6 Lamina propria mucosae ....

7 Lamina muscularis mucosae ....

8 Stratum circulare ....

9 Stratum longitudinale ....

10 Gll. oesophageae ....

11 Plexus myentericus ....

5.10 – 5.11 MAGEN (VENTRICULUS, GASTER)

Der Magen wird in drei Regionen gegliedert: **Pars cardiaca** (Cardia, Mageneingang), **Fundus-Corpus** sowie **Pars pylorica** mit dem Antrum und dem Canalis pyloricus. Makroskopisch zeigt die Schleimhaut ein Hochrelief, welches den Magenfalten als Reservefalten entspricht. Bei Lupenvergrößerung erkennt man zusätzlich das Flachrelief der Magenfelder (**Areae gastricae**). Hier münden die Magengrübchen (**Foveolae gastricae**). Im Cardiabereich geht das mehrschichtige unverhornte Plattenepithel des Oesophagus abrupt in das einschichtige hochprismatische Epithel des Magens über. Damit verbunden ist makroskopisch ein Farbumschlag von weißlich nach rötlich, vergleichbar mit dem Farbumschlag von der Haut zum Lippenrot.

Die Lamina epithelialis muscosae gliedert sich in ein **Oberflächenepithel** und ein **Drüsenepithel**. Anders als bei Becherzellen, zeigen die hochzylindrischen Zellen keine abgeflachten, sondern runde und eher zentral gelegene Kerne. Das Epithel erscheint in der PAS-Färbung positiv (violett), bedingt durch Schleimbildung mit neutralen Glykoproteinen. Der **neutrale Schleim** ist gegenüber Salzsäure unlöslich und wird durch Pepsin nicht angegriffen. Der Schleim des **Oberflächenepithels** übt damit eine Schutzfunktion gegenüber einer Selbstandauung aus. Das **Drüsenepithel** bildet die Wandung der **Magendrüsen**. Der Übergang vom Magengrübchen zur Magendrüse wird **Isthmus** genannt, dann folgt der **Halsteil (Cervix)** und danach die **Pars principalis** mit Mittelstück und Drüsengrund. Die jeweiligen Abschnitte der Magendrüsen werden von morphologisch und funktionell unterschiedlichen Epithelzellen besiedelt.

Schleim produzierende PAS-positive **Nebenzellen**, ähnlich den Zellen des Oberflächenepithels, siedeln im **Isthmus**. Doch die Nebenzellen des Drüsenhalses, deren Kerne unregelmäßig und basalständig sind, produzieren **sauren Schleim**. Er ist in Salzsäure löslich und unterscheidet sich somit von dem Schleim des Oberflächenepithels. Der saure Schleim der Nebenzellen enthält Lysozym zur Spaltung von Bakterienwänden.

Belegzellen kommen im Halsteil und im Mittelstück der Drüsenschläuche vor. Belegzellen produzieren verdünnte Salzsäure für die Eiweißdenaturierung und Abtötung der Bakterien. Außerdem bilden Belegzellen den Intrinsic Factor, ein Glykoprotein, das Vitamin B12 bindet und dessen Resorption im Ileum ermöglicht. Belegzellen sind **eosinophil**, nicht wegen der Säureproduktion, sondern wegen zahlreicher Mitochondrien. Belegzellen sezernieren gegen ein hohes Konzentrationsgefälle H^+-Ionen und Cl^--Ionen in das Drüsenlumen, während HCO_3^--Ionen an der Basalseite abgegeben werden. Das Enzym Carboanhydrase katalysiert die Bildung von H^+- und HCO_3^--Ionen. H^+-Ionen und Cl^--Ionen werden getrennt in intrazellulären Sekretkanälen transportiert und verbinden sich nach Sekretion zur Salzsäure.

Hauptzellen sind überwiegend im Drüsengrund lokalisiert und basophil, weil sie Pepsinogen bilden und deswegen reich an rER (rauhem endoplasmatischem Retikulum) sind. Pepsinogen wird im sauren Milieu zum aktiven Pepsin. Hauptzellen produzieren auch Lipase und Katepsin.

Endokrine Zellen liegen im Drüsengrund und gehören zum endokrinen System des Magen-Darm-Traktes.

Stammzellen sind multipotente Vorläufer der genannten Zellarten. Stammzellen siedeln im Halsbereich der Magendrüsen. Der Zellersatz für das Oberflächenepithel erfolgt in etwa fünf Tagen, während der Ersatz der Epithelzellen der Magendrüsen mehrere Jahre dauert.

Da die Drüsenschläuche in der Mucosa dicht gedrängt angeordnet sind, ist die Lamina propria mucosae wenig hervortretend. Die Tela submucosa ist gut entwickelt. Abweichend vom üblichen Wandaufbau des Darms ist eine dritte, längs verlaufende Muskelschicht (**Fibrae obliquae**) zwischen Tela submucosa und Stratum circulare der Tunica mucosa anzutreffen.

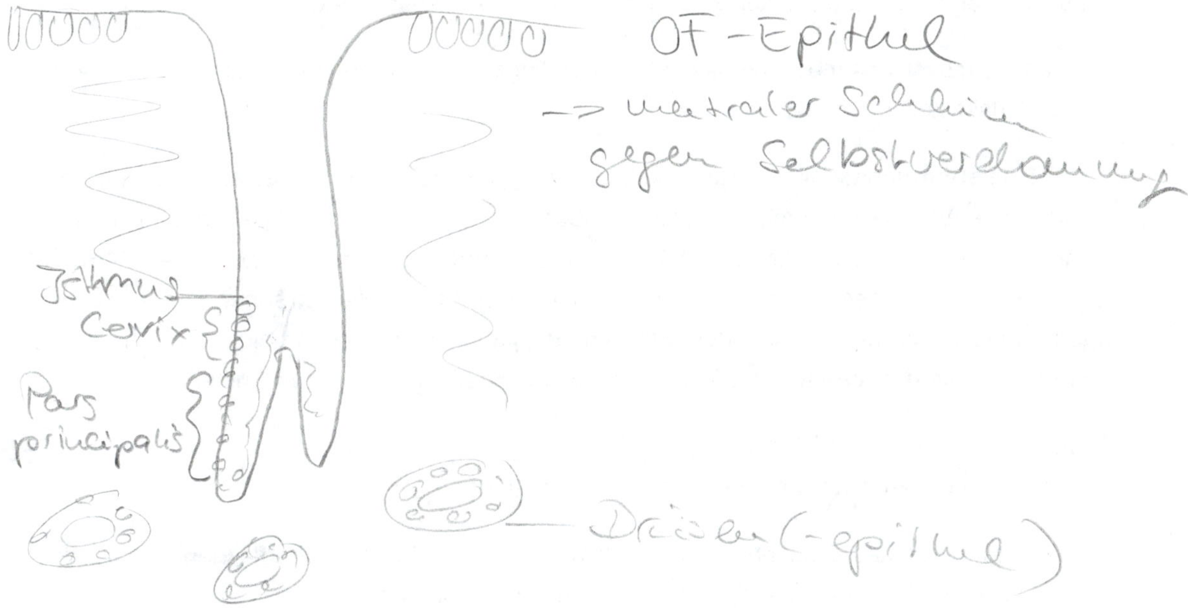

Nebenzellen -> saurer Schleim => Spaltung von Bkt.-Zellwänden (= Lysozym)

Belegzellen -> verdünnte HCl -> EW-Denaturierung, Abtötung v. Bkt.
(eosinophil weg. Mitochondrien)
-> Intrinsic-Factor = Glycoprotein => Vitamin B12-Resorption

Hauptzellen -> Pepsinogen (basisch) + saure HCl => Pepsin (aktiv)
-> Lipase + Katepsin

5.10 MAGEN (Corpus-Fundus), HE
Kasten-Nr. 56, Abb. 5-10

Makroskopische Betrachtung und Übersichtsvergrößerung
Mit dem bloßem Auge sind die blau-violett gefärbte Tunica mucosa und die kräftig rot gefärbte Tunica muscularis zu sehen. In der Übersichtsvergrößerung betrachtet man zuerst die **Mucosa**. Vom Oberflächenepithel senken sich die **Foveolae gastricae** ein und erstrecken sich über $^1/_3$ bis $^1/_5$ der Schleimhautdicke. Die **Gll. gastricae** haben ein enges Lumen, liegen dicht gedrängt und reichen bis zur Muscularis mucosae. Die **Lamina propria** ist **unscheinbar**. Das Mittelstück der Magendrüsen stellt sich mit **eosinophil** gefärbten **Belegzellen** dar, während die **Hauptzellen** im Drüsengrund **basophil** reagieren. Zwischen den Drüsenendstücken können kleine Lymphfollikel auftreten.

Die Lamina muscularis mucosae besteht in dem längsgeschnittenen Präparat aus längsgeschnittenen glatten Muskelzellen.

In der **Tela submucosa** fallen weitlumige Blutgefäße und Nervenanschnitte auf. Die Muskelbündel der **Tunica muscularis** sind durch weite, fixationsbedingte Spalten artefiziell getrennt. In der Tunica muscularis ist eine innerste Muskelschicht, deren Zellen längs getroffen sind und zu den **Fibrae obliquae** gehören, und eine innere Schicht mit quer geschnittenen Muskelzellen zu sehen. Die längs geschnittene äußere Muskelschicht entspricht dem Stratum longitudinale. Zwischen beiden Schichten sind Anteile des **Plexus myentericus** anzutreffen. Die **Tunica serosa** ist nicht angeschnitten.

Mittlere und starke Vergrößerung
In den Magendrüsen sind **drei** Zelltypen zu unterscheiden:

- **Nebenzellen** des Drüsenhalses sind kleiner als die Zellen des Oberflächenepithels, der Kern ist unregelmäßig, manchmal eingedellt (Napfkern) und basal gelegen.
- **Eosinophile Belegzellen** sind im Hals und im Mittelteil der Magendrüsen anzutreffen. Sie sitzen breitflächig der Basalmembran auf und sind nach basal verschoben, verglichen mit den benachbarten Hauptzellen. Belegzellen kommunizieren über eine interzelluläre Sekretkapillare mit dem Drüsenlumen. Sie besitzen einen runden, zentral liegenden Kern. Die Zellform ist pyramidenförmig oder rund. Die Eosinophilie ist durch den Reichtum an Mitochondrien bedingt, die den großen Energiebedarf der Belegzelle sichern. Belegzellen können auch zweikernig sein.
- **Basophile Hauptzellen** kommen im Mittelstück und im Drüsengrund vor. Die Basophilie ist durch das gut entwickelte rauhe endoplasmatische Retikulum bedingt. Es wird benötigt für die Pepsinogensynthese.
- **Endokrine Zellen** und **Stammzellen** bedürfen zum Nachweis einer Spezialfärbung. Sie sind hier nicht zu erkennen.

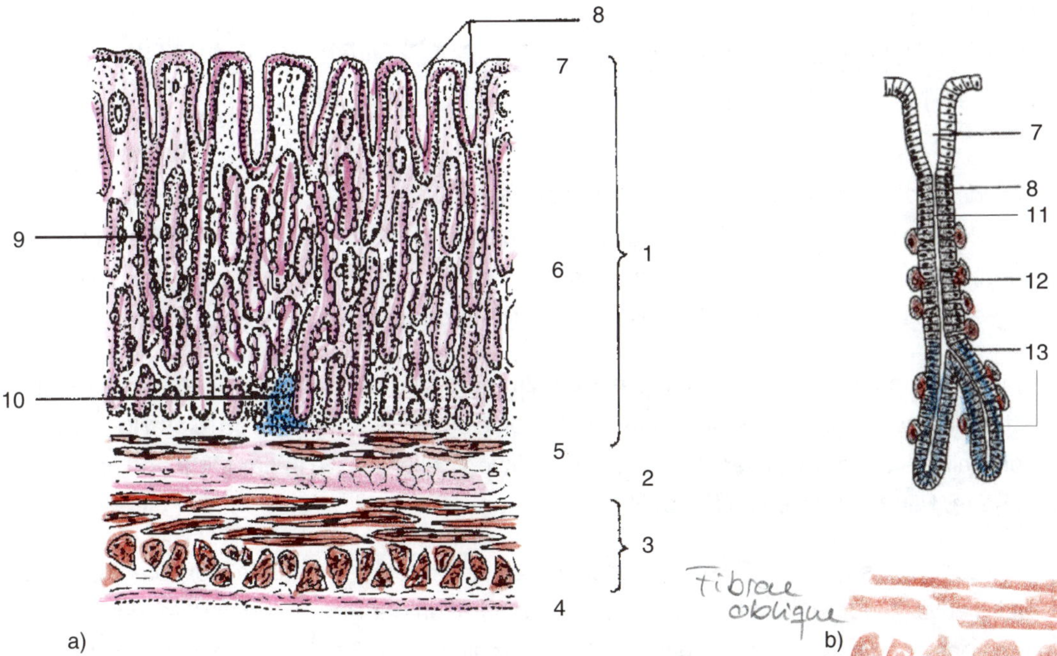

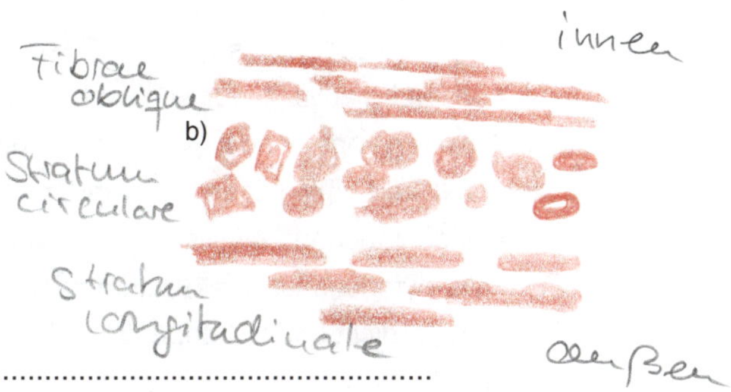

Abb. 5-10: Magen, Corpus-Fundus
a) Übersicht; b) Glandula gastrica

1 Tunica mucosa ....

2 Tela submucosa ....

3 Tunica muscularis ....

4 Tunica serosa ....

5 Lamina muscularis mucosae ....

6 Lamina propria mucosae ....

7 Oberflächenepithel ..... neutraler Schleim, HCl unlöslich

8 Foveolae gastricae ....

9 Glandula gastrica ....

10 Folliculus lymphaticus solitarius ....

11 Nebenzellen ..... saurer Schleim → Lysozym

12 Belegzellen ..... HCl

13 Hauptzellen ..... Pepsinogen → aktiv → Pepsin

5.11 MAGEN (Pars pylorica), HÄMALAUN und immunhistochemischer NACHWEIS für GASTRIN Kasten-Nr. 57, Abb. 5-11

Makroskopische Betrachtung und Übersichtsvergrößerung

Auf dem Objektträger sind zum Vergleich zwei **benachbarte** Schnitte aufgezogen. Bei beiden entspricht das kräftig gefärbte schmale Band der Tunica mucosa bzw. das breite der Tunica muscularis. Beide Schichten grenzen an die sich blass darstellende Tunica submucosa.

Im **ersten Schnitt** neben dem Schildchen des Objektträgers sind die Kerne mit **Hämalaun** gefärbt und blau-violett. Der **zweite Schnitt** zeigt den immunhistologischen **Nachweis von Gastrin**-produzierenden, hier bräunlich markierten Zellen. Die Gastrin-positiven Zellen liegen in der Mitte und am Grund der Gll. pyloricae (s. Färbetechniken im Skript Histologie).

Im Vergleich zur Corpus-Fundus-Region erstrecken sich die Foveolae gastricae hier tiefer in die Mucosa und besetzen etwa $^{2}/_{3}$ der Schleimhautdicke. Die Magendrüsen der Pars pylorica (Glandulae pyloricae) sind weiter voneinander entfernt als die der Corpusregion. Die Gll. pyloricae sind kurz, verlaufen geknäult und verzweigen sich am Drüsengrund. Deswegen findet man dort vermehrt Anschnitte von Drüsenschläuchen, jeweils getrennt von einer deutlich hervortretenden Lamina propria mucosae. Im Canalis pyloricus ist das Stratum circulare der Tunica muscularis zu einem kräftigen Schließmuskelsystem verdickt und tritt gegenüber dem Stratum longitudinale hervor. Von der Tunica serosa ist überwiegend das subseröse Bindegewebe zu sehen.

Mittlere und starke Vergrößerung

Man suche längs geschnittene Foveolae gastricae auf. Zellen des Oberflächen- und des Grübchenepithels zeigen apikal eine kelchförmige Erweiterung, bedingt durch mukoides Sekret. Es enthält neutrale Glykoproteine, die sich in der PAS-Färbung violett färben (im vorliegenden Präparat ist der Schleim nicht angefärbt). Nicht die Zellen des Oberflächenepithels, sondern die der Foveolae gastricae besitzen streng basalständige Kerne. In den Pylorusdrüsen fehlen Hauptzellen. Belegzellen sind selten. Entero-endokrine Zellen lassen sich im Hämalaun gefärbten Schnitt nicht differenzieren. Dagegen sind sie in der immunhistologischen Spezialfärbung am Beispiel Gastrin-produzierender, braun markierter Zellen (G-Zellen) in der Mitte und im Grund der Pylorusdrüsen auffällig.

Hinweis

Gastrin-produzierende Zellen befinden sich nur in der Pars pylorica. Sie werden zur Sekretion durch einen alkalischen pH-Wert angeregt. Das Hormon Gastrin stimuliert die Belegzellen im Corpus-Fundus-Bereich zur Säuresekretion. Zur Differentialdiagnose betrachte man das Präparat Colon, HE.

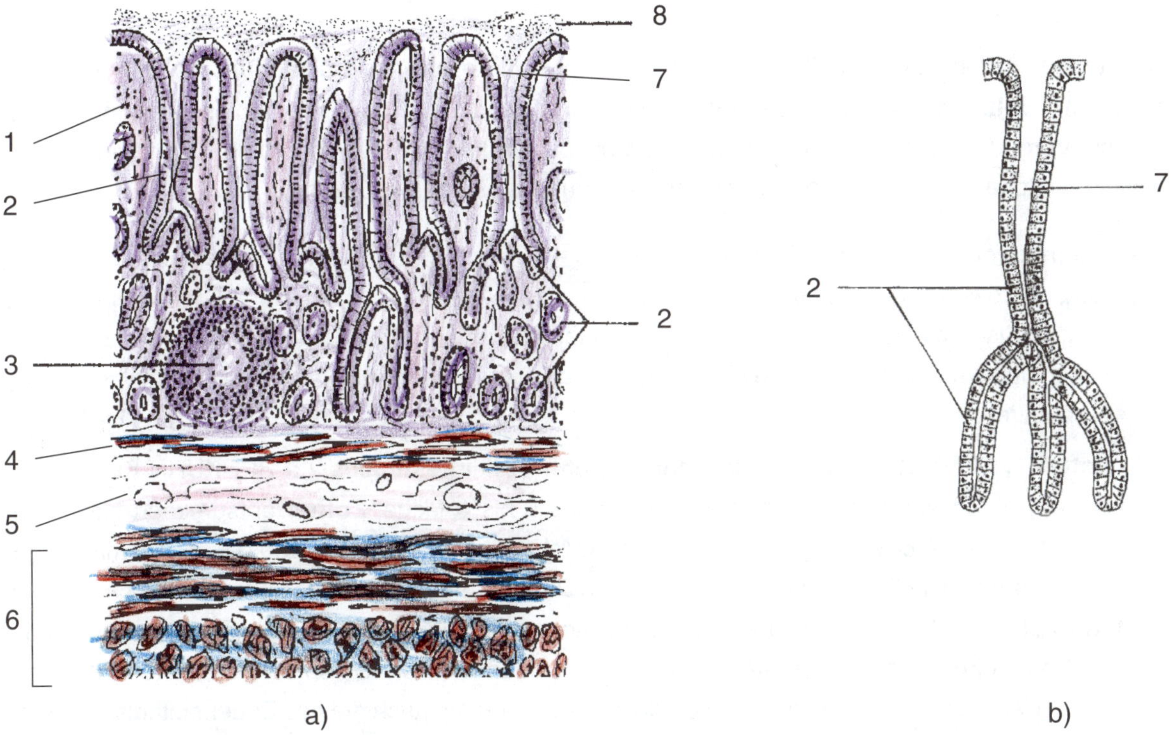

Abb. 5-11: Magen, Antrum-Pylorus
a) Übersicht; b) Glandula gastrica pylorica

1	Lamina propria mucosae ....
2	Lamina epithelialis mucosae ....
3	Folliculus lymphaticus solitarius ....
4	Lamina muscularis mucosae ....
5	Tela submucosa ....
6	Tunica muscularis ....
7	Foveola gastrica ....
8	Mucus (Schleim) ....

5.12 – 5.16 DÜNNDARM (INTESTINUM TENUE)

Man unterteilt den etwa 5 m langen Dünndarm in drei Abschnitte, **Duodenum** (Zwölffingerdarm, ca. 20 cm), **Jejunum** (Leerdarm, ca. 2 m) und **Ileum** (Krummdarm, ca. 3 m). In diesen Darmregionen wird die Verdauung der Speisen beendet, Nahrungsbestandteile werden resorbiert. Die resorbierende Schleimhautoberfläche ist durch Sonderstrukturen auf drei Ebenen vergrößert.

- **Plicae circulares** (KERCKRING-Falten) von 8 – 10 mm Höhe führen zur Oberflächenvergrößerung auf das 1,3 bis 1,6fache. Falten werden durch Auffaltungen der Submucosa als quer zur Längsachse des Darmes orientierte Schleimhautaufwerfungen verusacht. Im Duodenum ist die Faltendichte am größten. Plicae circulares sind auch bei stärkster Dehnung der Darmwand stationäre Falten.
- **Zotten** (**Villi intestinales**) und **Dünndarmkrypten** (**Gll. intestinales**, LIEBERKÜHN-Krypten) erweitern die Oberfläche der Schleimhaut auf das 5 bis 6 fache. **Zotten** entsprechen blatt- oder fingerförmigen Ausstülpungen der Lamina propria mucosae. Ihre Höhe von 0,5 bis 1,5 mm verringert sich kontinuierlich in Richtung zum unteren Dünndarmabschnitt. Ihre Dicke beträgt ca. 0,1 mm. **Krypten** von 0,2 bis 0,4 mm Tiefe sind tubulöse, meist unverzweigte Epitheleinsenkungen in die Lamina propria mucosae. Krypten nehmen vom Duodenum zum Colon an Tiefe zu. Das Kryptenepithel ist reich an Mitosen, da von hier die Zellregeneration, auch die des Zottenepithels, ausgeht. Im Längsschnitt entspricht eine Zotte einer Ausstülpung der Lamina propria, während eine Krypte eine eingesenkte Lamina epithelialis in die Lamina propria mucosae darstellt. Im Flach- oder Tangentialschnitt fällt bei den Zotten die zentral liegende, gefäßreiche Lamina propria mucosae auf, die außen vom Zottenepithel (Saumepithel) begrenzt ist. Die Krypten zeichnen sich als epithelbegrenzte Hohlprofile ab.
- **Mikrovilli** (Kutikularsaum, Bürstensaum, Stäbchensaum) vergrößern die Schleimhautoberfläche auf das 30fache.

Verschiedene Zellarten sind im Zotten- und Kryptenepithel zu unterscheiden. **Resorbierende Zellen** (**Enterozyten**, **Saumzellen**), Zellen mit **exokriner** Sekretion (**Becherzellen**, **PANETH-Zellen**) und mit **endokriner** Sekretion (entero-endokrine Zellen).

- **Saumzellen** bilden ein einschichtiges Zylinderepithel mit apikal ausgebildetem Kutikularsaum und Schlussleistennetz der Zonulae occludentes und Zonulae adhaerentes (Junktionskomplex). Der Kutikularsaum besteht aus dicht stehenden Mikrovilli, deren Glykokalix einen Selbstschutz gegen proteolytische und mukolytische Enzyme bildet. Mikrovilli sezernieren Bürstensaumenzyme z.B. Disaccharidasen, Peptidasen, alkalische Phosphatase, ATPase. Mikrovilli dienen der Resorption von Nahrungsbestandteilen.
- **Becherzellen** liegen zwischen den Enterozyten und produzieren Schleim mit sauren Glykoproteinen, der in der Azan-Färbung als apikal gelegene, bläuliche Sekretkugel hervortritt. Der sezernierte Schleim schützt und schmiert die Schleimhaut. Becherzellen sind zahlreicher in Krypten als in Zotten und nehmen in den distalen Dünndarmabschnitten zu.

- **PANETH-Körnerzellen** als **apikal gekörnte** Zellen befinden sich grüppchenweise im Drüsengrund. Die azidophilen Sekretgranula enthalten das bakteriostatisch wirkende Lysozym. Der Kern der PANETH-Körnerzellen liegt basal im dort stark basophilen Cytoplasma. Die Anzahl der PANETH-Körnerzellen nimmt zum Jejunum zu.
- **Endokrine Zellen** als **basal gekörnte** Zellen treten mehr in den Krypten als in den Zotten auf. Basal gekörnte Zellen liegen vereinzelt zwischen Saum- und Becherzellen und bilden mit den endokrinen Zellen des Magens und des Pankreas das **g**astro-**e**ntero-**p**ankreatische System (GEP). Im HE-Präpart sind die entero-endokrinen Zellen unauffällig. Sie werden mit spezifischen immunhistologischen oder histochemischen Methoden nachgewiesen. Zu den entero-endokrinen Zellen gehören z.B.: D-, D1-Zellen (Somatostatin, **v**asoaktives **i**ntestinales **P**eptid, VIP), G-Zellen (Gastrin), I-Zellen (Cholezystokinin, identisch mit Pankreozymin), K-Zellen (**g**astro**i**nhibitorisches **P**eptid, GIP), **e**ntero**c**hromaffine Zellen (EC-Zellen mit Serotonin, Substanz P und Motilin). EC-Zellen gehören zu den APUD-Zellen (s. Endokrinologie). Die Granula der EC-Zellen lassen sich mit Chrom- oder Silbersalzen nachweisen. Hormone des GEP wirken bei der Regulierung der Verdauung mit, beteiligen sich an der Steuerung des Kohlenhydratstoffwechsels und beeinflussen die Motilität des Darmes.
- Aus **Stammzellen** im unteren Drittel der Krypten differenzieren sich die genannten Zellarten. Die Reifung spielt sich an der Zottenbasis ab. Von hier wandern differenzierte Zellen zur Zottenspitze und schilfern in das Darmlumen ab. Das Dünndarmepithel hat eine hohe mitotische Aktivität mit einem Generationszyklus von 24 Stunden. Beim Menschen erneuert sich das Darmepithel in drei bis sechs Tagen.
- **M-Zellen** (membranöse Darmepithelzellen) bedecken als Antigen-transportierende Epithelzellen solitäre Lymphfollikel oder Lymphfollikelaggregate. M-Zellen besitzen keinen Bürstensaum und gehören zum Epithel über den Kuppen der Lymphfollikel ("Domepithel").

Die **Lamina propria mucosae** des Dünndarms ist gut entwickelt und von Lymphozyten, eosinophilen Granulozyten, Makrophagen und Plasmazellen besiedelt. Ansammlungen von Lymphozyten und Lymphfollikeln repräsentieren das Darm (engl. **g**ut) **a**ssoziierte **l**ymphatische Gewebe (engl. **t**issue) (GALT). Es tritt ebenfalls in der Tela submucosa auf.

5.12 DUODENUM (ZWÖLFFINGERDARM), HE
Kasten-Nr. 58, Abb. 5-12

Verglichen mit anderen Darmabschnitten, sind **Gll. duodenales** (BRUNNER-Drüsen) **nur** im **Duodenum** zu finden. Sie liegen überwiegend in der Tela submucosa. Ihre Ausführungsgänge münden in den Kryptengrund. BRUNNER-Drüsen sezernieren einen hoch viskösen Schleim mit neutralen Glykoproteinen, der zur Alkalisierung des sauren Chymus beträgt. Pankreasenzyme werden im alkalischen Milieu des Duodenums aktiviert.

Makroskopische Betrachtung und Übersichtsvergrößerung
Mit bloßem Auge ist mindestens eine KERCKRING-Falte (Plica circularis) zu sehen. Der Bereich der Schleimhautoberfläche ist feinstrukturiert gestaltet. In der Übersichtsvergrößerung lassen sich die **Gll. duodenales** (BRUNNER-Drüsen) in der **Tela submucosa** lokalisieren. Die LIEBERKÜHN-Krypten sind kurz und erreichen etwa $^{1}/_{5}$ der Zottenhöhe. Das vorliegende Präparat ist längsgeschnitten. Somit sind die Muskelzellen des Stratum longitudinale längs und die des Stratum circulare quer getroffen.

Mittlere und starke Vergrößerung
Das einschichtige, hochprismatische Saumepithel der blattförmigen, breiten Duodenalzotten zeigt palisadenartig angeordnete Zellen mit längsovalen, basal liegenden Kernen. Bei fast geschlossener Aperturblende und „Spielen" mit dem Feintrieb des Mikroskops ist eine Doppellinie zu sehen, die dem **Bürstensaum** und dem **Schlussleistennetz** entspricht. Becherzellen liegen zwischen den Enterozyten des Zotten- und Kryptenepithels. Im Kryptengrund beobachtet man **PANETH-Körnerzellen** mit apikal gelegenen eosinophilen Granula. In der Lamina propria mucosae kommen Kapillaren und viele Leukozyten vor (mononukleäre Zellen, eosinophile Granulozyten mit segmentiertem Kern, Plasmazellen mit der sogenannten Radspeichenstruktur des Kernchromatins). Lymphfollikel und diffus verstreute Lymphozyten gehören zum GALT. Die gut entwickelten mukösen BRUNNER-Drüsen in der Submucosa und der Lamina propria mucosae besitzen Endstücke mit hellen Zellen und mit basal liegenden, abgeflachten Kernen. Die Drüsen sind tubuloalveolär, verzweigt und geknäult.

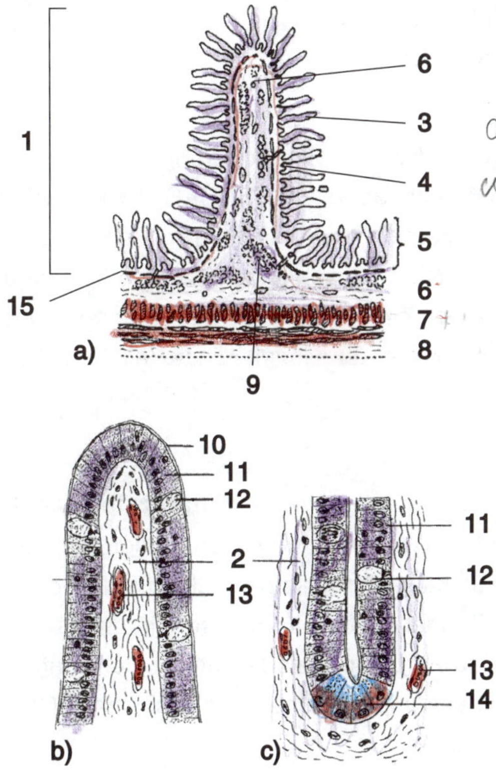

Abb. 5-12: Duodenum
a) Übersicht; b) Zotte; c) Krypte

1	KERCKRING-Falte	....
2	Lamina propria mucosae	....
3	Zotte	....
4	Krypte	....
5	Tunica mucosa	....
6	Tela submucosa	....
7	Tunica muscularis	....
8	Tunica serosa	....
9	BRUNNER-Drüsen	....
10	Kutikularsaum (Bürstensaum)	....
11	Enterozyten	....
12	Becherzelle	....
13	Kapillare	....
14	PANETH-Körnerzelle	....
15	Lamina muscularis mucosae	....

5.13 JEJUNUM (LEERDARM), HE
Kasten-Nr. 02, Abb. 5-13

Makroskopische Betrachtung und Übersichtsvergrößerung
Makroskopisch sind mehrere Schleimhautfalten (KERCKRING-Falten) mit einer zottenartig gestalteten Oberfläche zu sehen. In der Übersichtsvergrößerung wirken längs getroffene Jejunalzotten langgestreckt und fingerförmig. BRUNNER-Drüsen fehlen in der Tela submucosa. Der Plexus myentericus ist prominent zwischen dem Stratum circulare (im hier vorliegenden Längsschnitt als quer geschnittene Muskelzellen zu erkennen) und dem Stratum longitudinale (als längsgeschnittene Zellen). Eine Tunica serosa ist nicht angeschnitten.

Mittlere und starke Vergrößerung
Man unterscheide im Zotten- und Kryptenepithel die **Enterozyten** und die **Becherzellen**. **Mitosen** sind nur im **Kryptenbereich** zu finden. Wenn der Kryptengrund sorgfältig durchgemustert wird, findet man PANETH-Körnerzellen, deren apikales Zytoplasma reich an eosinophilen Granula ist. Von der Lamina muscularis mucosae strahlen Bündel glatter Muskelfasern in die Lamina propria mucosae ein, die die Zotten ausfüllt und Kapillaren sowie Lymphgefäße enthält. Bei Kontraktion der Muskelzellen entleert sich der Inhalt der Gefäße (Zottenpumpe). Ferner sind eosinophile Granulozyten, Plasmazellen, Lymphozyten und Monozyten vorhanden.

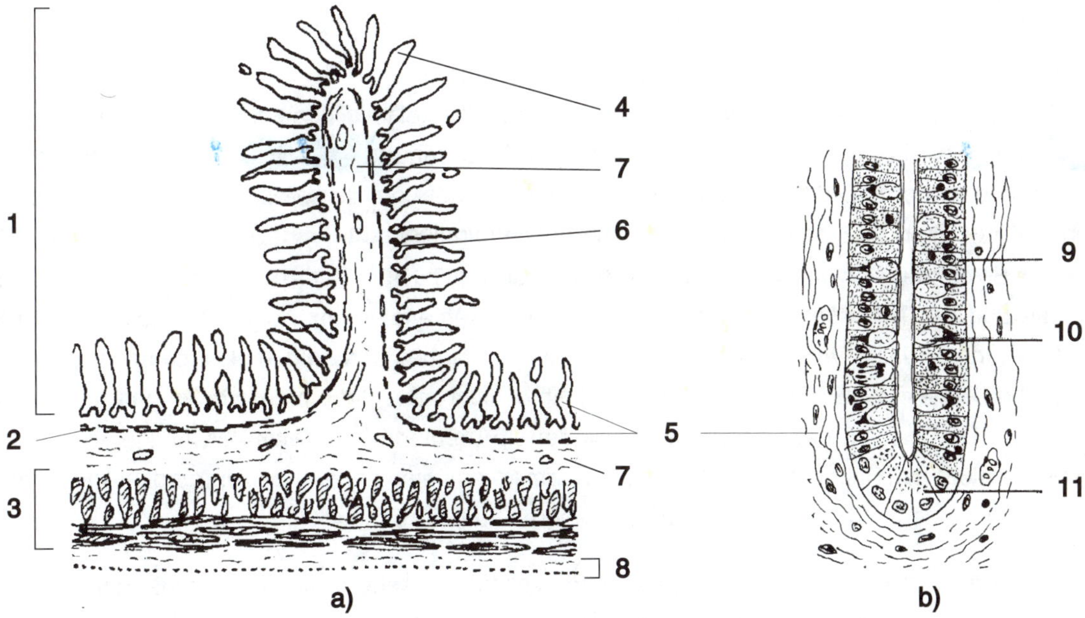

Abb. 5-13: Jejunum
a) Übersicht; b) Krypte

1 KERCKRING-Falte (Plica circularis) ....

2 Lamina muscularis mucosae ....

3 Tunica muscularis ....

4 Zotte ....

5 Lamina propria mucosae ....

6 Krypte ....

7 Tela submucosa ....

8 Tunica serosa ....

9 Enterozyt ....

10 Becherzelle ....

11 PANETH-Zelle ....

5.14 ILEUM (KRUMMDARM), HE
Kasten-Nr. 59, Abb. 5-14

Makroskopische Betrachtung und Übersichtsvergrößerung

In dem **quer** geschnittenen Präparat sind die horizontal gestellten **Plicae circulares** nicht zu sehen. Das Darmlumen wird von im Vergleich zum Jejunum und Duodenum niedrigeren, plumpen und oft verzweigten Zotten begrenzt. Die Dünndarmkrypten nehmen, gegenüber den proximalen Dünndarmabschnitten an Tiefe zu. Stark blau gefärbte Areale entsprechen den **Folliculi lymphatici aggregati (PEYER- Plaques)**. Es handelt sich um große Sekundärfollikel, die (bis zu 30 in der Anzahl) in der Lamina propria mucosae und der Tela submucosa gegenüber dem Mesenterialansatz auftreten. Die apikal verdichtete Mantelzone wird als "Domareal" bezeichnet, weil die Plaques domartig in die Lichtung vorspringen. An der Oberfläche der PEYER-Plaques ist das Epithel nicht zottenartig aufgeworfen und wird Domepithel genannt. Dort siedeln neben Saumzellen **M-Zellen** (membranöse Zellen als Antigen präsentierende Epithelzellen) auf. Becherzellen fehlen. Außerdem kommt eine hohe Anzahl intraepithelialer Lymphozyten vor. M-Zellen und die PEYER-Plaques gehören zum GALT.

In der Tela submucosa sind weitlumige Gefäßanschnitte zu sehen. Die Tunica muscularis des hier vorliegenden Ileums vom Kleinkind ist schmal. Das innere Stratum circulare zeigt (im Gegensatz zu Abb. 5-14) längs geschnittene Muskelzellen und das äußere Stratum longitudinale als quer getroffene Zellen. Schwer zu finden sind die PANETH-Körnerzellen im Kryptengrund. Der Mesenterialansatz liegt dort, wo das subseröse Bindegewebe der Tunica serosa verdickt ist und überwiegend aus univakuolären Fettzellen besteht.

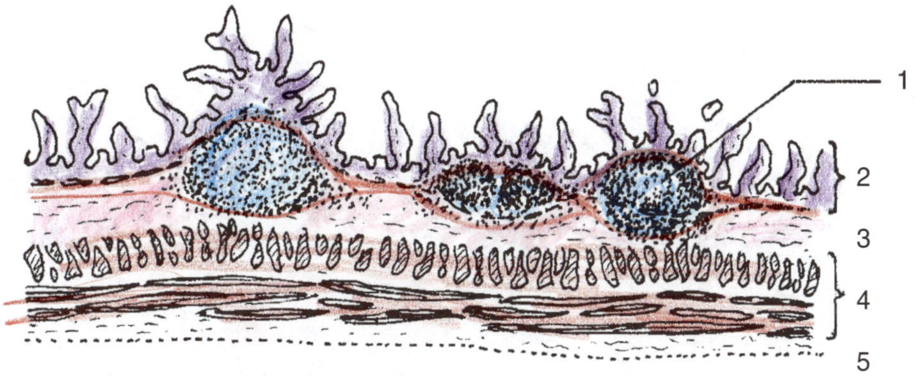

- besitzt keine Becherzellen

Abb. 5-14: Ileum, PEYER-Plaques (Längsschnitt) *)

1 PEYER-Plaques# ....

2 Tunica mucosa ....

3 Tela submucosa ....

4 Tunica muscularis ....

5 Tunica serosa ....

* Das Präparat Kasten-Nr. 59 ist im Gegensatz zur obigen Zeichnung quergeschnitten.

Die Zotten über den Plaques können fehlen.

Notizen:

5.15 – 5.16 DICKDARM (INTESTINUM CRASSUM)

Der ca. 1,3 m lange Dickdarm besteht aus dem **Caecum** (Blinddarm) mit dem **Appendix vermiformis** (Wurmfortsatz), dem **Colon** (Grimmdarm) und dem **Rectum** (Intestinum rectum, Mastdarm), dessen Schleimhaut im Canalis analis in die äußere Haut übergeht. Die wichtigste Aufgabe des Dickdarms ist die Eindickung des Chymus durch Resorption von Wasser und Elektrolyten und somit die Bildung der Faeces. Deren Transport wird durch Schleim unterstützt, der von den Becherzellen gebildet wird. Im Vergleich zum Dünndarm ergeben sich folgende histologische Unterschiede.

- Die Tunica mucosa bildet **keine Zotten**.
- Unverzweigte LIEBERKÜHN-Dickdarmkrypten haben sich bis zu 0,5 mm Tiefe entwickelt. Die Kryptenwand besteht überwiegend aus Becherzellen. Enterozyten mit einem hohen Bürstensaum sind im Oberflächenepithel eingestreut. Wegen der geringen Anzahl an Enterozyten sind Kutikularsaum und Schlussleistennetz unauffälliger als bei dem Zottenepithel des Dünndarms.
- Während PANETH-Körnerzellen nur noch vereinzelt oder gar nicht mehr vorkommen, sind **enteroendokrine Zellen** häufig im Kryptengrund anzutreffen. Sie können über immunhistologische Spezialfärbungen wie z.B. für das Peptid Somatostatin und die Substanz P nachgewiesen werden.
- In die **Tela submucosa** hat sich vermehrt **univakuoläres Fettgewebe** eingelagert.
- Die **Plicae semilunares** entsprechen keiner Auffaltung der Submucosa, sondern einer Kontraktion aller Schichten der Darmwand. Die Plicae semilunares ändern ihre Lage mit der Peristalitik, während die Plicae circulares des Dünndarms stationär sind.
- Das **Stratum circulare** der **Tunica muscularis** ist gleichmäßig ausgebildet. Im histologischen Schnitt erscheint es dicker, da das **Stratum longitudinale** in drei kräftige Längsmuskelzüge, die **Taenien** (Taenia libera, mesocolica und omentalis) umgebaut und deswegen die Längsmuskelschicht zwischen den Taenien schwach entwickelt ist.
- **Haustren** als Ausbuchtungen zwischen zwei Plicae semilunares und starke Fettansammlungen im subserösen Bindegewebe der Tunica serosa (**Appendices epiploicae**) gehören zu den **makroskopischen** Unterscheidungskriterien zwischen Dick- und Dünndarm.
- Je nach Abschnitt des Dickdarms kann eine **Tunica serosa** oder eine **Tunica adventitia** ausgebildet sein.

5.15 COLON (GRIMMDARM), HE
Kasten-Nr. 60, Abb. 5-15

Makroskopische Betrachtung und Übersichtsvergrößerung

Die makroskopisch sichtbare Auffaltung der Schleimhaut entspricht keiner Plica circularis. Die Auffaltung ergibt sich hier als Artefact, der durch eine unterschiedliche Schrumpfung von Schleimhaut und Muscularis während der histologischen Bearbeitung entstanden ist. In der Übersichtsvergrößerung zeigt das Colon den typischen Vierschichtenbau des Rumpfdarmes.

Mittlere und starke Vergrößerung

Die Tunica mucosa ist **zottenlos**. Stattdessen beobachtet man unverzweigte und gestreckt verlaufende Dickdarmkrypten, die dicht beieinander liegen und sich tief in die Lamina propria mucosae einsenken. Die Lamina muscularis mucosae grenzt an den Kryptengrund. Die Kryptenwand wird von vielen **Becherzellen** ausgekleidet. Sie sind hell und durch die intrazytoplasmatische Schleimkugel kolbig aufgetrieben. Der Schleim in den Becherzellen enthält saure Glykoproteine und wird in der Azan-Färbung blau gefärbt (hier nicht dargestellt). **Enterozyten** (Saumzellen) im Oberflächenepithel und zwischen den Becherzellen der Kryptenwand sind schmal und unauffällig. Deswegen ist der Bürstensaum und das Schlussleistennetz schwerer zu finden als bei dem Dünndarmepithel. Im Kryptengrund sind **PANETH-Zellen** als apikal gekörnte Zellen selten. Die basal gekörnten **entero-endokrinen** Zellen werden im HE-Präparat nicht differenziert. Die Lamina propria wird von eosinophilen Granulozyten, Plasmazellen, Lymphozyten und Monozyten besiedelt. Vereinzelt kommen Solitärfollikel vor. In der Tela submucosa hat sich viel univakuoläres Fettgewebe angereichert. Die Tunica muscularis ist zweischichtig. Sie zeigt eine dickere innere Ringschicht und eine dünnere Längsschicht zwischen den Taenien. Der Plexus myentericus ist gut entwickelt. Da ein seröses Deckepithel fehlt, liegt eine Tunica adventitia vor.

Hinweis

Azan-gefärbte Becherzellen sind im Respirationsepithel der Trachea dargestellt.

- keine Zotten
- viele Becherzellen
- keine Paneth-Körnerzellen

alle einschichtiges hochprismat. Epithel

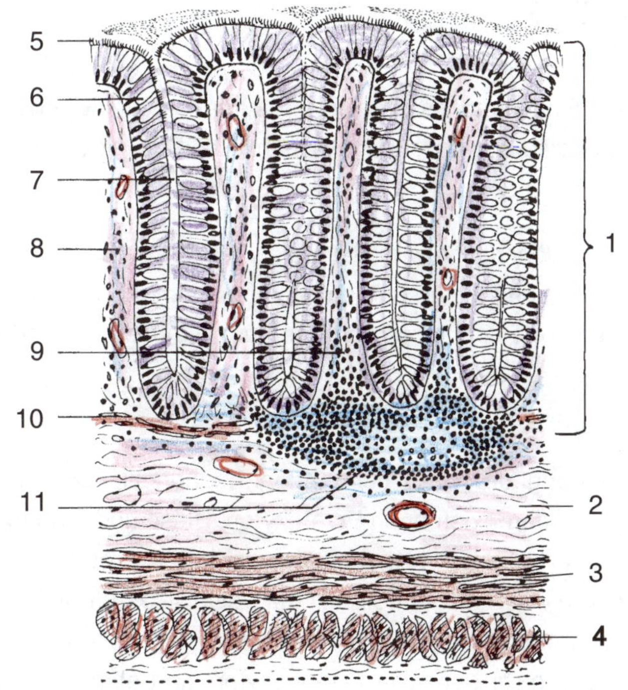

Abb. 5-15: Colon, quer

1 Tunica mucosa ....

2 Tela submucosa ....

3 Stratum circulare tunicae muscularis ....

4 Stratum longitudinale tunicae muscularis ....

5 Bürstensaum ....

6 Becherzelle ....

7 Lumen der Krypte ....

8 Lamina propria mucosae ....

9 Lymphozyten ....

10 Lamina muscularis mucosae ....

11 Folliculus lymphaticus solitarius ....

5.16 APPENDIX VERMIFORMIS (WURMFORTSATZ), quer, HE
Kasten-Nr. 61, Abb. 5-16

Die Appendix vermiformis ist ein Rudiment des distalen Caecums, das bei Pflanzenfressern stark entwickelt ist. Wegen der starken Besiedlung mit lymphatischem Gewebe gilt die menschliche Appendix vermiformis als „Darmtonsille".

Makroskopische Betrachtung und Übersichtsvergrößerung
Der helle zentral gelegene Ring entspricht dem Lumen mit Inhalt. Ihm schließt sich eine blau gefärbte Schleimhautzone und eine hellere Tela submucosa an. Die Tunica muscularis und Tunica serosa sind rötlich dargestellt.

Mittlere und starke Vergrößerung
Die Krypten sind unregelmäßiger angeordnet als beim Colon. Becherzellen sind in großer Anzahl vertreten und durchsetzt von nicht zu differenzierenden Enterozyten. Diese und Stammzellen darzustellen, bleibt Spezialfärbungen vorbehalten. PANETH-Körnerzellen kommen vereinzelt im Kryptengrund vor. Die **Lamina propria mucosae** wird von Sekundärfollikeln (teilweise als **Folliculi lymphatici aggregati**) ausgefüllt. Die Lymphfollikel mit großen Keimzentren verdrängen die Krypten und die Lamina muscularis mucosae. Diffus verteilte und dicht gepackte Lymphozyten sind ebenso zwischen den Lymphfollikeln angeordnet. Lymphozyten wandern in das Epithel oder die Darmlichtung ein, wo sie in Resten von Darminhalt auffallen. Die äußere Längsmuskelschicht der Tunica muscularis ist schmaler, verglichen mit der inneren Ringmuskelschicht. Der Plexus myentericus ist gut ausgebildet. In der Tela submucosa und der Tela subserosa ist viel Fettgewebe zu finden. Dort, wo sich die Tela subserosa durch eingelagertes Fettgewebe verbreitert, liegt die Umschlagsfalte (**Mesoappendix**) der intraperitoneal gelegenen Appendix.

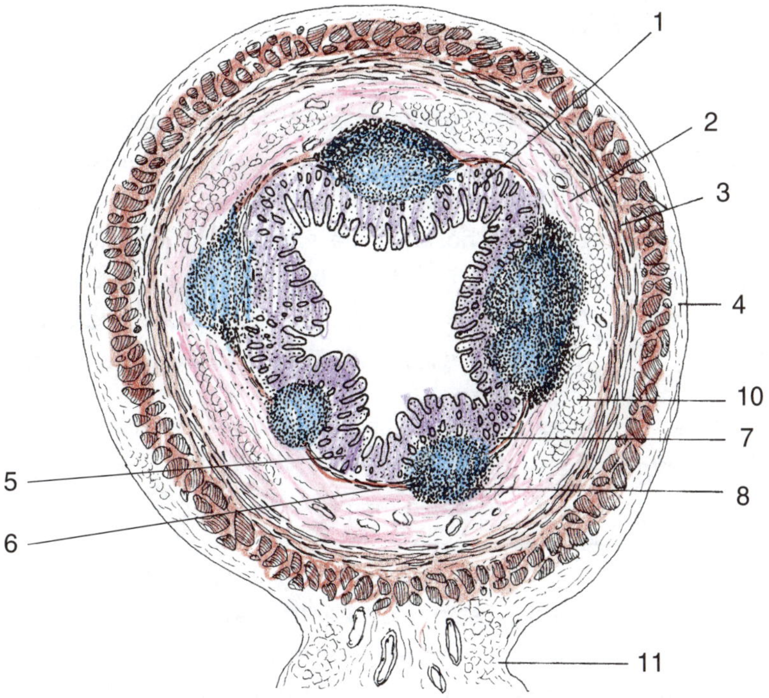

Abb. 5-16: Appendix vermiformis, quer

1 Tunica mucosa ....

2 Tela submucosa ....

3 Tunica muscularis ....

4 Tunica serosa ....

5 Lamina propria mucosae ....

6 Lamina muscularis mucosae ....

7 Leukozyten ....

8 Folliculus lymphaticus solitarius ....

10 univakuoläre Fettzellen ....

11 Mesoappendix ....

5.17 – 5.21 LEBER, GALLENBLASE und PANKREAS

5.17 - 5.20 LEBER (HEPAR)

Die bis zu 2 kg schwere Leber gehört neben der Bauchspeicheldrüse (Pankreas) und den großen Kopfspeicheldrüsen zu den Anhangsdrüsen des Verdauungskanals. Die Leber ist ein zentrales Organ für den Kohlenhydrat-, Eiweiß- und Fettstoffwechsel. Sie speichert Glykogen und bildet eine Vielzahl von Stoffen u.a. Plasmaproteine, Lipoproteine, Phospholipide, Cholesterol und Triglyceride, B-Vitamine und Vitamin K (Prothrombin). Die Leber ist an der Entgiftung des Blutes beteiligt. Sie gilt als die größte exokrine Drüse und sezerniert täglich 0,5 bis 1,5 l Galle. Galle enthält außer Wasser als Hauptbestandteile Gallensäuren und Bilirubin, das ein eisenfreies Abbauprodukt des Hämoglobins ist.

Die Leber wird von einer festen bindegewebigen Kapsel umhüllt, von der sich Septen in das Parenchym erstrecken und die **Leberläppchen** als kleinste Baueinheit (von 0,5 bis 1 mm Durchmesser und 1,5 bis 2 mm Länge) begrenzen. Nach unterschiedlichen morphologischen bzw. funktionellen Aspekten werden drei Betrachtungsweisen unterschieden (Abb. 5-17).

Das **klassische Leberläppchen** führt im Zentrum die **Zentralvene (V. centralis)**. Um sie ordnen sich radiär die **Leberzellbalken** oder, wenn man die dreidimensionale Anordnung betont, die **Leberzellplatten**. Sie bestehen aus spezifischen Leberzellen, den **Hepatozyten**. In der Fläche entspricht das Leberläppchen einem **Sechseck**. An jeder Ecke eines Läppchens treffen drei Läppchen aufeinander. Dort befindet sich das **periportale** Feld (**GLISSON-Dreieck**). Dieser dreieckige Bindegewebszwickel enthält die **A. interlobularis** als Ast der A. hepatica propria, die **V. interlobularis** als Abgang aus der V. portae und den Gallengang (**Ductus** (**biliferus**) **interlobularis**), der in den Ductus hepaticus fließt.

Das **portale Leberläppchen** besteht aus den Anteilen von **drei aneinander** grenzenden klassischen Leberläppchen. In der Fläche ist es **dreieckig** gestaltet, wobei das Zentrum ein GLISSON-Dreieck bildet und die Ecken des Dreiecks von je einer V. centralis eines klassischen Leberläppchens gebildet werden.

Beim **Leberazinus nach RAPPAPORT** handelt es sich wie beim portalen Läppchen um eine funktionelle Zuordnung, die sich an Endverzweigungen der Interlobulargefäße orientiert. Ein Leberazinus ist **mandelförmig** gestaltet. An seinem Aufbau beteiligen sich Anteile von **zwei** aneinandergrenzenden **Leberläppchen**. Als Zentrum gilt die Strecke zwischen zwei GLISSON-Dreiecken, wo Äste der Interlobulargefäße liegen und die Leberläppchen erreichen. Angrenzend an das Zentrum werden in beiden aneinander liegenden Leberläppchen die Zonen I, II und III unterschieden. Die Zone I gilt als exponierte Zone, die im guten Fall sauerstoff- und glukosereiches Blut erhält und im schlechten Fall als erste von toxischen Stoffen geschädigt wird. Die Zone III, die an die Zentralvene grenzt, enthält „gereinigtes" Blut. Die **Zonierung** des Leberacinus erklärt die unterschiedliche Schädigung der Hepatozyten in den Zonen I bis III.

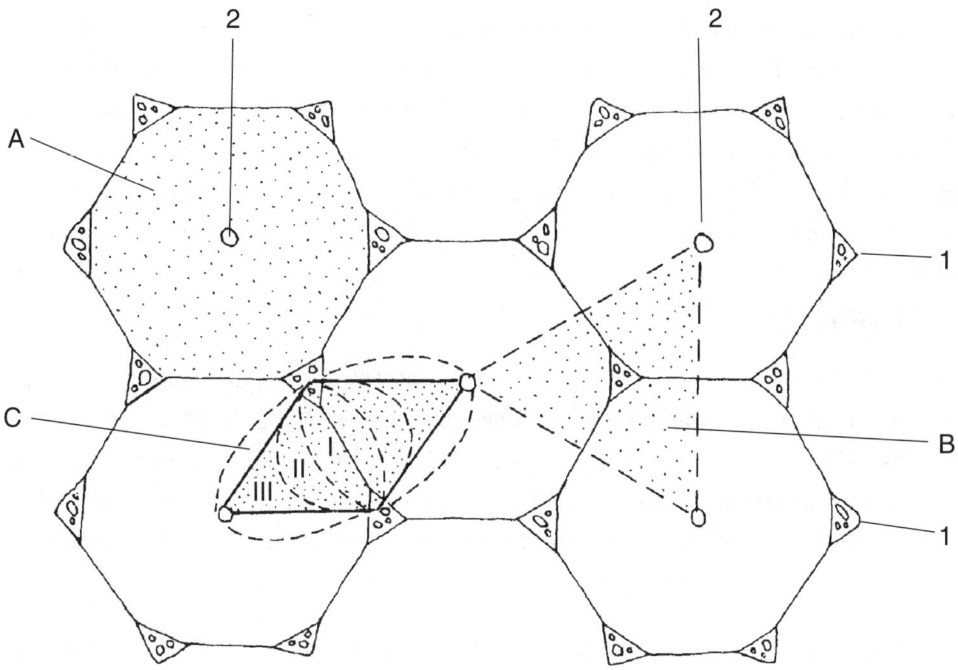

Abb. 5-17: Schema der drei Betrachtungsarten von Leberläppchen

1	portale Trias	....
2	Zentralvene	....
A	klassisches Leberläppchen	....
B	portales Leberläppchen	....
C	Acinus nach RAPPAPORT mit den Zonen I, II und III	....

Von den Interlobulargefäßen schieben sich weitlumige Kapillaren (**Sinusoide**) zwischen die Leberzellbalken. Interlobulargefäße und Sinusoide sowie die Zentralvene lassen sich durch Tuscheinjektion hervorheben (Abb. 5-20c). Die **Endothelzellen** sind **fenestriert** und besitzen **keine** oder eine **unvollständig** entwickelte **Basalmembran**. In der Wand der Sinusoide liegen außer Endothelzellen **KUPFFER-Zellen**. Diese aus dem Knochenmark über die Blutbahn eingewanderten Makrophagen phagozytieren Fremdkörper wie Bakterien und Tuscheparktikel, ebenso alte Erythrozyten, wenn die Milz operativ entfernt ist. KUPFFER-Zellen wandeln Biliverdin (eisenfreies Abbauprodukt des Hämoglobins) in Bilirubin um und wirken bei immunologischen Prozessen mit. Deswegen gehören KUPFFER-Zellen zum **mono**nukleären **P**hagozyten**s**ystem (MPS).

Hepatozyten sind hoch differenzierte Zellen. Das Zytoplasma ist gut ausgestattet mit Organellen: granulärem und glattem endoplasmatischem Retikulum, großen GOLGI-Feldern, zahlreichen Mitochondrien vom Crista-Typ, Peroxisomen, Lysosomen. Sie enthalten weiterhin Glykogengranula, Lipidtröpfchen. Hepatozyten haben nicht selten zwei Kerne. Hepatozyten sind wie Epithelzellen polar angeordnet und besitzen somit eine **basale**, **apikale** und **laterale Grenzfläche**. Mit zunehmendem Lebensalter nimmt der Anteil höherploider Kerne (tetraploid, oktaploid) zu.

Die **basale Grenzfläche** wird auch **sinusoidale Grenzfläche** genannt, weil die Hepatozyten dort in Kontakt mit den Lebersinusoiden treten. Zwischen den fenestrierten Endothelzellen der Sinusoide und der basalen Grenzfläche der Hepatozyten liegt der **perisinusoidale Raum** (**DISSE-Raum**). Er enthält wenige Retikulumzellen, die retikuläre Fasern bilden und **Fettspeicherzellen** (**Ito-Zellen**). Die Hepatozyten schicken basale Fortsätze in den DISSE-Raum, über die der Stoffaustausch zwischen Hepatozyt und Sinusoid geregelt wird.

Da die Leberzellbalken zweischichtig und gegenläufig polar angeordnet sind, treffen die apikalen Zellseiten aufeinander und bilden als **kanalikuläre Grenzfläche** die Gallenkapillaren (**Canaliculi biliferi**). Ihre Wand entspricht der mittig stark gefalteten apikalen Hepatozytenmembran. Seitlich an den Einfaltungen haben sich komplett abdichtende Zonulae occludentes et zonulae adhaerentes entwickelt. Erst kurz vor Einmündung in das periportale Feld sind Gallenkapillaren von einem einschichtigen flachen Epithel ausgekleidet (**HERING-Kanal**). Im Ductus (biliferus) interlobularis des periportalen Feldes wird das Epithel kubisch bis hochprismatisch.

An der **lateralen Grenzfläche** treffen sich benachbarte Hepatozyten ohne Ausbildung von Gallekapillaren und ohne Verbindung zu einem Sinusoid.

Notizen:

5.18 LEBER (HEPAR), Schwein, AZAN
Kasten-Nr. 62, Abb. 5-18

Makroskopische Betrachtung und Übersichtsvergrößerung
An der Schweineleber lässt sich die Gliederung in **klassische Leberläppchen** gut demonstrieren, weil im Unterschied zur menschlichen Leber die bindegewebige Trennung besser entwickelt und hier als blau gefärbtes Bindegewebe zwischen den Leberläppchen zu erkennen ist. Bei der histologischen Bearbeitung sind Gewebeschrumpfungen und somit artefizielle Spalten aufgetreten, die vor allem im Bereich der Bindegewebsstraßen auffallen. Man suche ein klassisches Leberläppchen auf, orientiere sich an der **Zentralvene** und an den in den Ecken des Läppchens angeordneten **GLISSON-Dreiecken** mit der **portalen** Trias (Arteria, Vena und Ductus interlobularis).

Mittlere und starke Vergrößerung
Radiär zur Zentralvene verlaufen die Leberzellbalken (Platten). Zwischen diesen sind die **Sinusoide** zu beobachten, die gefüllt mit Erythrozyten und Leukozyten sind. Endothelzellen der Sinusoide und KUPFFER-Zellen lassen sich hier nicht differenzieren. Das Zytoplasma der Hepatozyten ist gekörnt, die Zellkerne sind rötlich dargestellt. Im GLISSON-Dreieck findet man drei Strukturen: die **A. interlobularis** mit engem Lumen, knopfförmig in die Lichtung vorspringenden Kernen der Endothelzellen und einer kräftigen Tunica muscularis, die **V. interlobularis** als weitlumiges Gefäß mit dünner Wand und den Gallengang (**Ductus interlobularis**) mit kubischem Epithel. Das Lumen der V. interlobularis ist 20 bis 30fach größer als das der A. interlobularis. Mehrfachanschnitte sind möglich, da die Blutgefäße oft gewunden verlaufen und sich verzweigen. Häufig angeschnitten sind zudem Lymphgefässe.

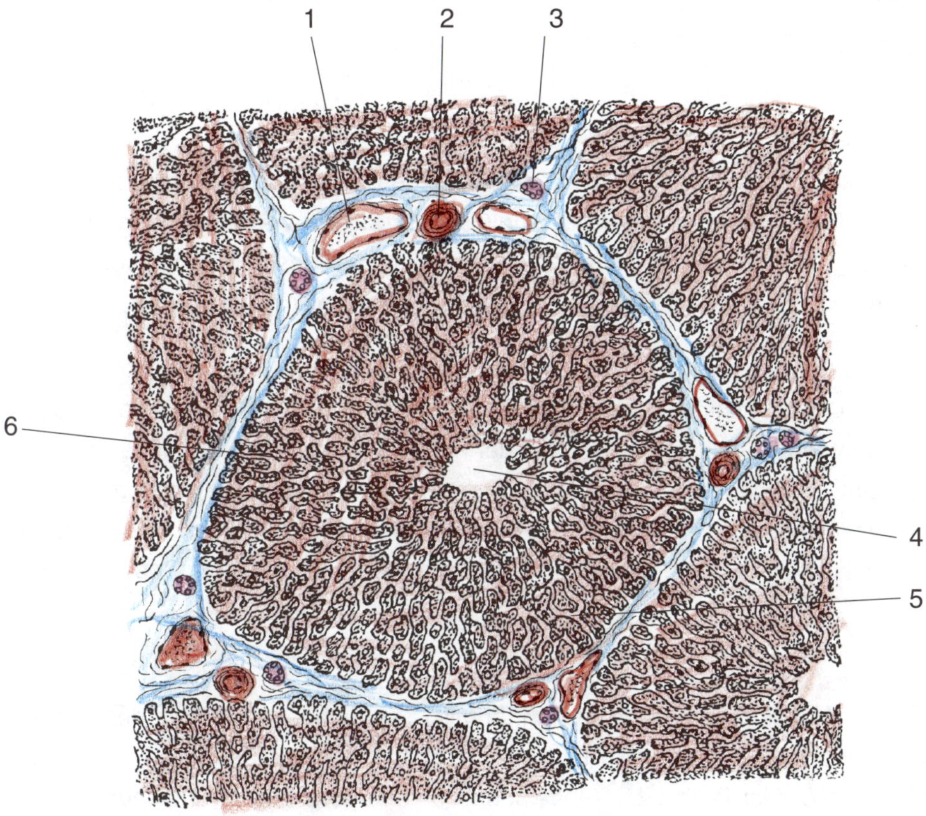

Abb. 5-18: Leber, Schwein (Läppchengliederung)

1	Ast der V. portae V. interlobularis	....
2	Ast der A. hepatica A. interlobularis	....
3	Gallengang Ductus interlobularis	....
4	Zentralvene V. centralis	....
5	Sinusoid des Leberläppchens	....
6	Leberzellbalken (-platten)	....

5.19 LEBER (HEPAR), Mensch, HE
Kasten-Nr. 63, Abb. 5-19

Übersichtsvergrößerung

Die **Läppchen** im klassischen Sinn sind in der menschlichen Leber durch sehr zarte, unauffällige Bindegewebszüge **undeutlich** begrenzt. Daher ist eine Orientierung schwierig. Ausgehend von einer V. centralis mit radiär ausgerichteten Leberzellbalken und den davon eingeschlossenen Lebersinusoiden, sind in der Peripherie des Läppchens gut ausgeprägte GLISSON-Dreiecke zu suchen.

Mittlere und starke Vergrößerung

Die drei hervortretenden Strukturen des periportalen Feldes (**GLISSON-Trias**: A. interlobularis, V. interlobularis, Ductus interlobularis) werden wie bei der Azan-gefärbten Schweineleber diagnostiziert. Von den Trias-Blutgefäßen gehen die **Sinusoide** ab, in deren Wand längsovale Kerne mit dichtem Chromatin den Endothelzellen entsprechen. KUPFFER-Zellen fallen nicht auf. Doch sind die Unterschiede in Größe und Anzahl der Hepatozytenkerne mit distinktem Nucleolus deutlich. Das Zytoplasma ist feinst gekörnt.

Hinweise

Betrachtet man ein klassisches Leberläppchen räumlich, so mündet am Boden des bienenkorbartigen Gebildes die Zentralvene zusammen mit mehreren benachbarten Zentralvenen in die weitlumige **V. sublobularis**, die letztlich in eine der Venae hepaticae übergeht. Eine V. sublobularis liegt in der Peripherie eines Leberläppchens, ohne dass einmündende Sinusoide auffallen.

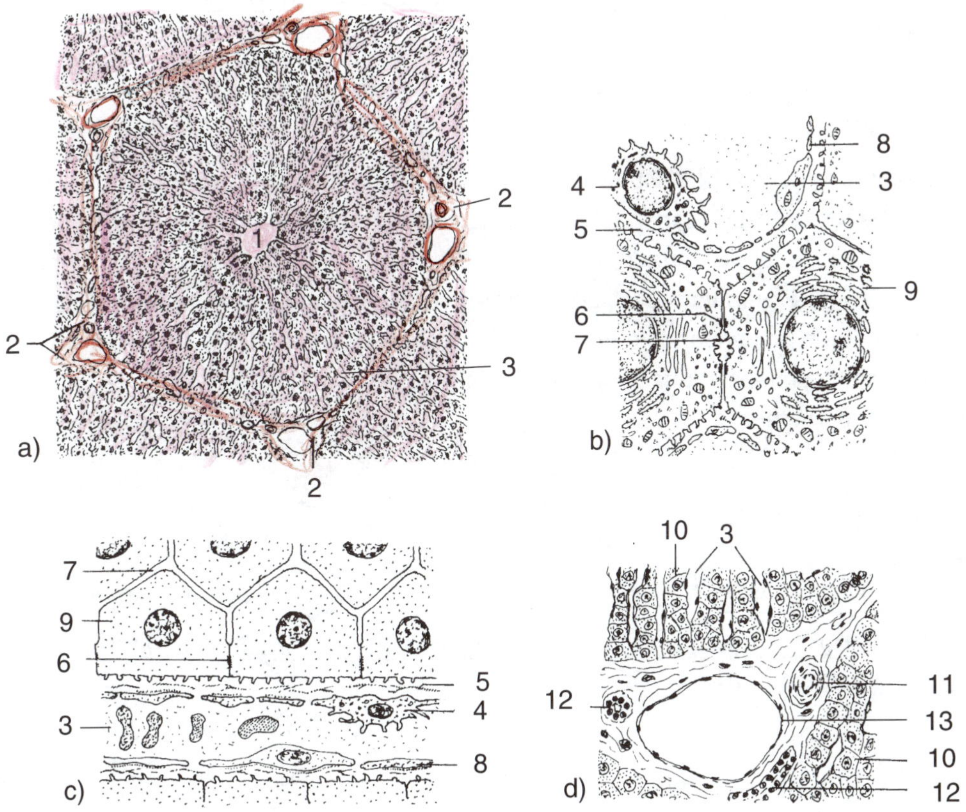

Abb. 5-19: Leberläppchen
a) Übersicht; b) Gallenkapillare; c) Lebersinusoid; d) GLISSON-Dreieck

1 V. centralis ....

2 GLISSON-Dreieck ....

3 Sinusoid ....

4 KUPFFER-Zelle ....

5 DISSE-Raum ....

6 Tight junction ....

7 Gallenkapillare ....

8 fenestrierte Endothelzelle ....

9 Hepatozyt ....

10 Leberzellbalken ....

11 A. interlobularis ....

12 Ductus interlobularis ....

13 V. interlobularis ....

5.20 LEBER (HEPAR), Mensch, Versilberung nach GOMORI, Gegenfärbung mit KERNECHTROT

Kasten-Nr. 64, Abb. 5-20 a

Mit der Versilberung nach GOMORI werden retikuläre Fasern (Kollagentyp III) sichtbar gemacht. Diese argyrophilen Fasern (**Gitterfasern**) gehören neben kollagenen Fasern vom Typ I und V zum Bindegewebsgerüst der Leber. Gitterfasern sind zwischen den Leberzellplatten und dem Endothel der Sinusoide im DISSE-Raum verbreitet und werden von Retikulumzellen gebildet. Gitterfasern formen netzartige Strukturen im periportalen Feld, umspinnen die Lebersinusoide und sind um die V. centralis angeordnet. Die Läppchenstruktur ist durch die Gitterfaserdarstellung verwischt. Zellgrenzen der Hepatozyten bleiben unsichtbar.

LEBER (HEPAR), Maus, Vitalfärbung nach TRYPANBLAU-Injektion, Nachfärbung mit KERNECHTROT

Kasten-Nr. 65, Abb. 5-20 b

Für dieses Präparat wurde eine Maus mit dem Farbstoff Trypanblau intravenös injiziert. Der Farbstoff wurde von den KUPFFER-Zellen in der Wand der Sinusoide phagozytiert. Nach Tötung des Tieres und Entnahme der Leber wurde diese mit der üblichen histologischen Technik aufgearbeitet.

Alle Vergrößerungen

KUPFFER-Zellen sind in der Wand der Sinusoide an der blauen Farbe zu erkennen, weil sie den blauen Farbstoff Trypanblau phagozytiert haben. In der Kernechtrot-Gegenfärbung gehören die länglichen kleinen Kerne zu den Endothelzellen und die runden großen Kerne zu den Hepatozyten.

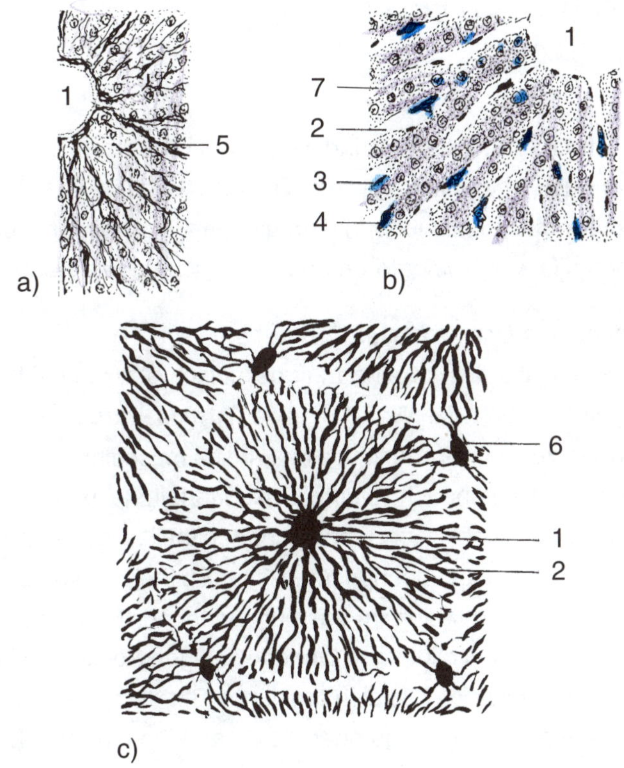

Abb. 5-20: Leberläppchen, Spezialdarstellungen
a) Gitterfasern nach Versilberung
b) KUPFFER-ZELLEN (Vitalfärbung mit Trypanblau)
c) Lebersinusoide nach intravenöser Tuscheinjektion

1 V. centralis ....

2 Sinusoid ....

3 Endothelzelle ....

4 KUPFFER-Zelle ....

5 Gitterfasern im DISSE-Raum..........

6 V. interlobularis ....

7 Leberzellbalken ....

5.21 GALLENBLASE (VESICA FELLEA), HE
Kasten-Nr. 66, Abb. 5-21

In der Gallenblase sammelt sich die Lebergalle und wird durch Wasserentzug auf etwa 20% eingedickt. Die Galle gelangt über den Ductus hepaticus und den Ductus cysticus zur Gallenblase und wird bei Bedarf über den **Ductus choledochus** ins Duodenum abgegeben. Dort wirken die Gallensäuren als wichtige Komponente der Lebergalle wie Emulgatoren und ermöglichen die Resorption der Fette.

Makroskopische Betrachtung und Übersichtsvergrößerung
Die kräftig blau gefärbte Schleimhaut zeigt eine makroskopisch stark zerklüftete Oberfläche. Bei der Übersichtsvergrößerung gliedert sich die Wand in eine **Tunica mucosa**, **Tunica muscularis** und **Tunica serosa**. Im Gegensatz zur Darmwand fehlt eine Lamina muscularis mucosae und eine Tela submucosa. Die Tunica mucosa ist faltenreich. Durch Sekundärfaltung und Brückenbildung entstehen kryptenähnliche Einsenkungen oder von den Oberflächenepithelien scheinbar abgelöste Hohlräume (**LUSCHKA-Gänge**). Das einschichtige hochprismatische Epithel ist wegen der Produktion eines mukoiden Schutzfilms hell. Die Kerne liegen im basalen Drittel der Epithelzellen. Die Lamina propria mucosae mit freien Bindegewebszellen bildet den bindegewebigen Sockel der Falten, wobei die Tunica muscularis nicht beteiligt ist. Bei ihr handelt es sich um dünne Bündel glatter Muskelzellen, die scherengitterartig angeordnet und somit zirkulär, längs oder diagonal orientiert sind. Die äußere Wandschicht entspricht einer breiten Tunica serosa mit weitlumigen Arterien und Venen sowie mit kleinen Nerven.

Mittlere und starke Vergrößerung
Man beachte den schmalen Bürstensaum und das Schlussleistennetz am apikalen Plasmalemm des hochprismatischen Epithels. Der Bürstensaum ist Ausdruck der Resorptionsfunktion wie die basal gelegenen Einfaltungen, die nicht erkennbar sind. Becherzellen kommen nicht vor.

Hinweis
Die extrahepatischen Gallenwege (**Ductus hepaticus** communis, **Ductus cysticus** und **Ductus choledochus**) haben ein einschichtiges hochprismatisches Epithel, eine gut entwickelte Lamina propria sowie eine Tunica muscularis. In der Schleimhaut des Ductus choledochus kommen Becherzellen und kleine muköse Drüsen vor.

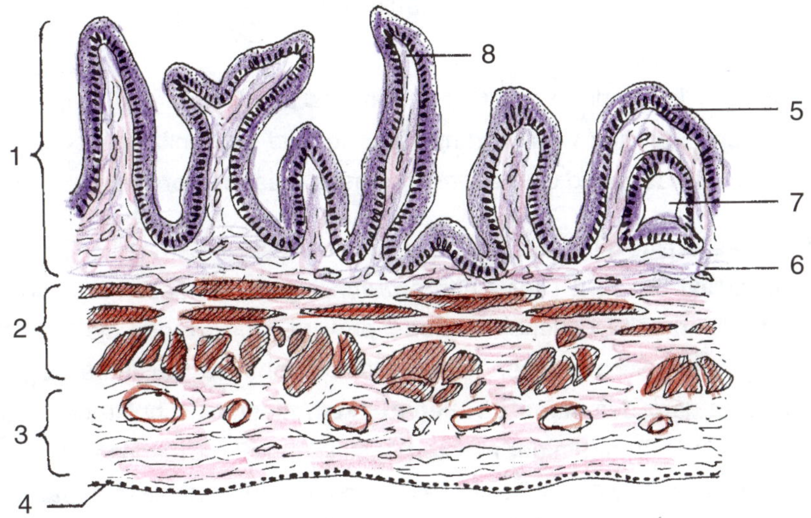

keine Tela submucosa

Abb. 5-21: Gallenblase

1 Tunica mucosa ....

2 Tunica muscularis ....

3 Tunica subserosa ....

4 Tunica serosa ....

5 Zylinderepithel ....

6 Lamina propria mucosae ....

7 LUSCHKA-Gang ....

8 Schleimhautfalte
mit Lamina propria mucosae ....

5.22 PANKREAS (BAUCHSPEICHELDRÜSE)
Kasten-Nr. 10, ohne Abbildung; Kasten-Nr. 88, Abb. 9-4

Das Pankreas besteht makroskopisch aus **Caput**, **Corpus** und **Cauda** und wird in Lobuli gegliedert. Zwei in Morphologie und Funktion verschiedene Organe sind im Pankreas vereinigt: eine **exokrine Drüse** mit 99% der Organmasse und eine endokrine Drüse, das **Inselorgan**.

Das **exokrine Pankreas** ist eine rein seröse, tubuloazinöse Drüse (s. Skript Histologie). Auf merokrinem Weg sezerniert sie täglich bis zu 2 Liter eines enzymhaltigen (Proteasen, Lipasen, Amylasen und Nucleasen) Sekrets, das in das Duodenum abgegeben wird. Dort werden die Enzyme aktiviert. Das **Ausführungsgangsystem** (Schaltstücke, inter- und intralobuläre Ausführungsgänge) besitzt im Gegensatz zur Glandula parotidea **keine Streifenstücke**. Anfangsabschnitte der Schaltstücke bilden **zentroazinäre Zellen**, die im Zentrum der meisten Azini liegen. Die Drüsenzellen der Azini haben ein gut entwickeltes, rauhes endoplasmatisches Retikulum im basalen Zytoplasma, das basophil ist. Demgegenüber färbt sich der apikale Anteil wegen eosinophiler Prosekretgranula (Zymogengranula) eher azidophil.

Das **endokrine Pankreas** (Inselorgan, LANGERHANS-Inseln: s. Kapitel Endokrinologie) setzt sich aus 1 bis 2 Millionen kugeligen Zellkomplexen (Inseln) mit einem Durchmesser bis zu 500 μm zusammen. Inseln kommen hauptsächlich im Corpus und in der Cauda vor. Inselzellen sind in der HE-Färbung schwer anfärbbar. Wegen dieser Chromophobie werden sie bereits in der Übersichtsvergrößerung im histologischen Präparat als helle Zellkomplexe entdeckt. Die Haupthormone der Inselzellen (Insulin und Glukagon) beeinflussen wesentlich den Kohlenhydratstoffwechsel. Somatostatin und pankreatisches Polypeptid sind weitere Inselhormone, die ebenso in anderen Abschnitten des Magen-Darm-Traktes gebildet werden und insgesamt zum gastro-entero-pankreatischen System gehören.

Hinweis

Zur Wiederholung der zusammengesetzten exokrinen Drüse mikroskopiere man das Präparat Nr. 10 (Pankreas, HE, s. Script Histologie) und studiere mit Blick auf das Kapitel Endokrinologie den Inselapparat im Präparat Nr. 88 (Inselorgan, immunhistologische Färbung Glukagon-positiver Zellen).

6 HARNAPPARAT

Das Harn- und Genitalsystem wird wegen der gemeinsamen entwicklungsgeschichtlichen Herkunft zum Urogenitalsystem zusammengefasst. Das Harnsystem lässt sich funktionell in das paarige Organ der Harnbereitung (**Niere**) und die Organe der Harnableitung (paariger **Ureter**, **Harnblase**, **Urethra**) gliedern.

6.1 – 6.2 NIERE (REN, NEPHROS)

Die Niere ist hauptsächlich ein Ausscheidungsorgan. Sie regelt unterschiedliche Funktionen: (a) Homöostase des Elektrolyt- und Wasserhaushaltes und damit Regelung des osmotischen Druckes und des Säure-Basenhaushalts; (b) Exkretion von Endprodukten des Stoffwechsels (z.B. Harnstoff als Abbauprodukt des Eiweißstoffwechsels, Harnsäure als Endprodukt der Nucleinsäuren), Ausscheidung von in der Leber entgifteten Substanzen und von Fremdstoffen (z.B. Medikamente). Vom Körper benötigte Bestandteile wie Glukose und Aminosäuren werden aus dem Primärfiltrat rückresorbiert; (c) Bildung von Hormonen wie Renin und Angiotensin II für die Regulation des Blutdrucks und Erythropoetin für die Erythropoese im Knochenmark.

Makroskopisch gliedert sich die Niere in Rinde und Mark. In der Rinde liegen knapp sichtbare, rötliche Körperchen (**Corpuscula renalia**). Stellenweise sind Bündel radiär orientierter Streifen, sogenannte **Markstrahlen** zu finden. Sie gehen vom Mark ab, welches beim Menschen aus etwa einem Dutzend Pyramiden besteht. Jede Pyramide (**Pyramis renalis**) entspricht entwicklungsgeschichtlich einem Nierenlappen (**Lobus renalis**). Seine breite Basis zeigt zur Rinde, seine Spitze (**Papilla renalis**) mündet auf dem Nierenkelch (**Calix renalis**).

Die Funktionseinheit des Nierenparenchyms ist das **Nephron** mit dem **Corpusculum renale**, in dem der Primärharn gebildet wird. Dieser wird von den **Tubuli** des Nephrons und dem nachgeordneten **Sammelrohrsystem** modifiziert und als eigentlicher Harn ausgeschieden. Jede Niere hat durchschnittlich 1,2 Millionen Nephrone.

Am Nephron sind folgende Abschnitte zu unterscheiden (Abb. 6-1):

- **Corpusculum renale** mit **Glomerulus** und **BOWMAN-Kapsel** mit dem viszeralen und parietalen Blatt
- **Gefäßpol**, wo die **Arteriola glomerularis afferens** (Vas afferens) einmündet und die **Arteriola glomerularis efferens** (Vas efferens) abgeht
- **Harnpol**, der gegenüber dem Gefäßpol liegt
- **Tubulus proximalis**, der mit der Pars convoluta beginnt und sich in die Pars recta fortsetzt
- **Tubulus intermedius** mit Pars descendens und Pars ascendens
- **Tubulus distalis** mit Pars recta und Pars convoluta

Beide geraden Anteile des proximalen und distalen Tubulus sowie der Tubulus intermedius bilden die **Ansa nephroni (HENLE-Schleife)**. Nach dem Nephron folgt das **Sammelrohrsystem**. Mehrere Tubuli reunientes münden in ein **Sammelrohr (Tubulus colligens)**, mehrere Tubuli colligentes sammeln sich zu einem **Ductus papillaris**. Etwa 25 Ductus papillares münden an der Papilla renalis ein.

Die gewundenen Anteile des proximalen und distalen Tubulus werden **Rindenlabyrinth** genannt und liegen in der Rinde. Abschnitte der Ansa nephroni sowie die Tubuli colligentes befinden sich im Mark. Dabei wird die **Außenzone** des Marks von den geraden Abschnitten proximaler und distaler Tubuli, die zu juxtamedullären Nephronen gehören, und von Tubuli reunientes sowie Sammelrohren gebildet. In der **Innenzone** überwiegen Tubuli intermedii und Sammelrohre.

In den Glomerula der Corpuscula renalia wird Blut filtriert und Primärharn gebildet (Abb. 6-2). Der **Harnfilter** besteht aus fenestrierten Endothelzellen (Fenestrae sind ohne Proteinmembran!), aus einer doppelten Basallamina und aus den Podozyten (modifizierte Mesothelzellen des viszeralen Blatts der BOWMAN-Kapsel). Die Basallamina wird von Endothelzellen und Podozyten gebildet und von **intraglomerulären Mesangiumzellen** abgebaut.

Jeder Tubulus-Abschnitt ist durch typische histologische Kriterien ausgewiesen (Abb. 6-1):

- Der **Tubulus proximalis** hat ein enges Lumen, aber den größten Durchmesser von Basalmembran zu Basalmembran. Die apikale Zellseite ist ungleichmäßig vorgewölbt, ein Bürstensaum ist entwickelt (deswegen Bürstensaumsegment). Das Zytoplasma des kubischen Epithels ist wegen hoher resorptiver Aktivität trüb und gekörnt. Die basale Streifung entspricht vertikal ausgerichteten Mitochondrien bei starker Einfaltung der basalen Zellmembran. Die Zellgrenzen sind wegen ausgeprägter lateraler Interdigitation verwaschen.
- Der **Tubulus intermedius** ähnelt im Aufbau einer Kapillare, denn die Epithelzellen sind abgeplattet und die Kernregion ist leicht in die Lichtung vorgewölbt.
- Beim **Tubulus distalis** ist das Lumen weit, doch der Durchmesser kleiner als beim proximalen Tubulus. Die Zellapex ist regelmäßig. Statt eines Bürstensaumes sind Mikrovilli vorhanden. Das Zytoplasma des kubischen Epithels ist klarer, verglichen mit dem proximalen Tubulus. Zellgrenzen sind zu sehen. Die basale Streifung ist wegen eines höheren Energiebedarfs stärker entwickelt, denn der Transport von Natriumionen entgegen einem Konzentrationsgefälle geschieht ausschließlich auf intraepithelialem Weg.
- Der **Tubulus reuniens** entspricht im proximalen Anteil dem des distalen Tubulus und im distalen Anteil dem des Sammelrohrs.

Im Dienste einer konstanten Durchblutung der Corpuscula renalia steht der **juxtaglomeruläre Apparat**. Dazu gehört die **Macula densa**, die einer Gruppe hochzylindrischer Epithelzellen des Tubulus distalis am Übergang von der Pars recta in die Pars convoluta entspricht. Die Macula densa liegt dem Gefäßpol an und ist durch eine dünne Basalmembran von den **extraglomerulären Mesangiumzellen (GOORMAGHTIGH-Zellen)** getrennt. Sie befinden sich am Gefäßpol im Zwickel zwischen dem Vas afferens und dem Vas efferens. Fortsätze der extraglomerulären Mesangiumzellen kontaktieren die Basalseite der **Polkissenzellen** als dritte Komponente des juxtaglomerulären Apparats in der A. glomerularis afferens.

Hinweise

Markstrahlen bestehen aus 4 bis 8 Sammelrohren sowie den Partes rectae proximaler und distaler Tubuli von 40 bis 80 Nephronen. Überleitungsstücke fehlen in den Markstrahlen.

6.1 NIERE, unipapillär, Meerschweinchen, PAS
Kasten-Nr. 67, Abb. 6-1 und 6-2

Makroskopische Betrachtung und Übersichtsvergrößerung

Die Niere des Meerschweinchens besteht aus einem Lobus renalis. Deswegen ist eine Pyramis renalis mit einer Papilla renalis in der Calix renalis mit bloßem Auge zu sehen. Die Grenze zwischen Rinde und Mark ist durch weitlumige Anschnitte der **A. arcuata** charakterisiert. Von dieser gehen Aa. interlobulares bis zur Rindenperipherie. In der Übersichtsvergrößerung ist die Rinde reich an diffus verteilten Corpuscula renalia (Nierenkörperchen), die von gewundenen Anteilen des proximalen und distalen Tubulus (**Rindenlabyrinth**) umgeben sind. Die Längsschnitte durch gebündelte Tubuli entsprechen **Markstrahlen**.

Das Mark ist frei von Nierenkörperchen, doch reich an dicht gedrängt liegenden Tubuli in unterschiedlichen Verlaufsrichtungen. Dadurch entstehen von der Pyramidenbasis in Richtung Papilla renalis drei Zonen. Die **äußere Zone** entspricht dem **Außenstreifen** der **Außenzone** mit längs und quer geschnittenen Partes rectae proximaler und distaler Tubuli. Auch Anschnitte von Sammelrohren und von Tubuli intermedii verlaufen dort. Die **mittlere** und schmalste **Zone** als **Innenstreifen** der **Außenzone** besteht überwiegend aus quer geschnittenen Partes rectae distaler Tubuli zusätzlich zu Tubuli intermedii und Tubuli colligentes. Die **innere** und kalixnahe **Zone** gehört zur **Innenzone**. Sie enthält weitlumige, längs geschnittene Tubuli colligentes und Tubuli intermedii.

Eine schmale, papillennahe **vierte Zone** entspricht Anschnitten durch die **Ductus papillares**. Sie haben sich als Folge der histologischen Einbettung vom Kelch zurückgezogen, wodurch ein artifizieller Spalt entsteht. Das Kelchepithel ist als Teil der Nierenbeckenschleimhaut von Urothel ausgekleidet, in deren Lamina propria Bündel glatter Muskelzellen anzutreffen sind. Zusätzlich befindet sich im Nierenhilus univakuoläres Fettgewebe und Anschnitte venöser Gefäße.

Mittlere und starke Vergrößerung

Zunächst sind die Corpuscula renalia auf Anschnitte durch den Gefäß- oder den Harnpol durchzumustern. Im **parietalen Blatt** der BOWMAN-Kapsel fallen leicht hervorspringende Kerne des Mesothels auf. Im Glomerulus können **Podozyten**, **Endothelzellen** und **intraglomeruläre Mesangiumzellen** nicht unterschieden werden. Der BOWMAN-Raum ist einbettungsbedingt erweitert. Im **Rindenlabyrinth** überwiegen Anschnitte durch die **Pars convoluta** des **Tubulus proximalis**. Beim Spielen mit dem „Feintrieb" erscheint der **Bürstensaum** als PAS-positive (violette) unscharfe Kontur an der apikalen Seite des kubischen Epithels. Das Zytoplasma ist fein gekörnt, laterale Zellgrenzen sind nicht erkennbar. Im Vergleich dazu zeigt das Epithel des Tubulus distalis keinen Bürstensaum, aber eine glatte Zellapex. Laterale Zellgrenzen sind nachweisbar. Die basale Streifung als Ausdruck einer vertikal ausgerichteten Mitochondrienkette ist weder im proximalen noch im distalen Tubulusepithel zu sehen. Wenn ein Tubulus distalis am Gefäßpol liegt, handelt es sich um die **Macula densa**.

Sammelrohre und **Tubuli intermedii** werden in der **Innenzone** der Pyramis renalis beurteilt. Sammelrohre haben ein weites Lumen. Das kubische Epithel hat einen scharfen apikalen Rand, das Zytoplasma ist hell, die Zellgrenzen sind deutlich. Tubuli intermedii werden von einschichtigem, flachem Epithel ausgekleidet, die Lichtung wird von längsovalen, chromatindichten Kernen begrenzt. Wenn Erythrozyten in der Lichtung liegen, handelt es sich um einen Kapillaranschnitt. Die **Ductus papillares** in der Papilla renalis weisen hochzylindrisches, helles Epithel mit deutlichen Zellgrenzen auf.

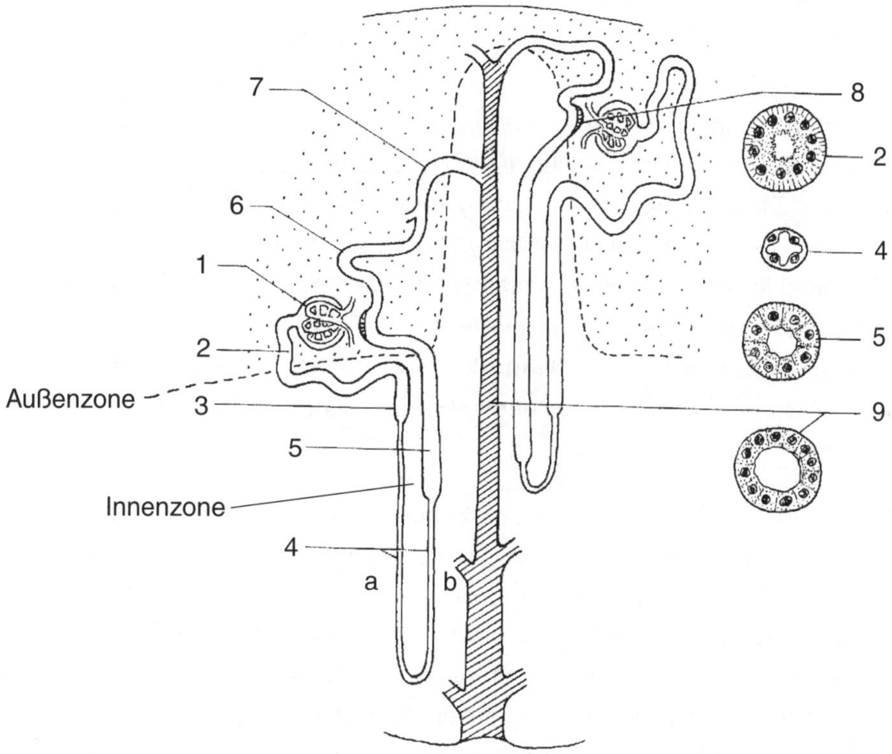

Abb. 6-1: Schema des Nephrons und Sammelrohrsystems, Längs- und Querschnitt

1 Corpusculum renale ....

2 proximaler Tubulus, pars convoluta ....

3 proximaler Tubulus, pars recta..

4 intermediärer Tubulus a) pars descendens ....
b) pars ascendens ....

5 distaler Tubulus, pars recta..

6 distaler Tubulus, pars convoluta...

7 Tubulus reuniens ....

8 Macula densa ....

9 Tubulus colligens ....

6.2 NIERE, pluripapillär, Mensch, HE
Kasten-Nr. 68, Abb. 6-1 und 6-2

Makroskopische Betrachtung und Übersichtsvergrößerung

Bei dem hier vorliegenden Segment einer plurilobulären Niere sind zwei Lobi renales mit je einer Pyramis renalis angeschnitten. Zwischen den Pyramiden erstreckt sich die Rinde als Columna renalis. Wie unter 6.1 beschrieben, sind Strukturen des Nephrons und des Sammelrohrsystems der Rinde und dem Mark zuzuordnen. Weitlumige, mit Blut gefüllte Arterien und Venen sind auffällig. Sie gehören zur intrarenalen Blutversorgung (**A. interlobaris** ⇒ **A. arcuata** ⇒ **A. interlobularis** ⇒ **A. glomerularis afferens** ⇒ **A. glomerularis efferens** ⇒ **V. arcuata** ⇒ **V. interlobaris**). Das Mark wird von Vasa recta versorgt, die am häufigsten postglomerulär aus den Vasa efferentia entspringen.

Mittlere und starke Vergrößerung

Typisch für den Tubulus proximalis ist sein kubisches Epithel mit verwaschener apikaler Zellmembran und eosinophilem, fein gekörntem Zytoplasma. Das kubische Epithel des Tubulus distalis ist eher hell bei scharfer apikaler Zellmembran. Im Mark, das sich nicht in Außen- und Innenzone wie bei dem Nierenpräparat des Meerschweinchens differenzieren lässt, sind Sammelrohre in Richtung zur Papille (nicht mit angeschnitten) zu beurteilen. Man diagnostiziere die Sammelrohre am kubischen Epithel mit „wasserklarem“ Zytoplasma und deutlichen Zellgrenzen. Zwischen den Sammelrohren liegen Anschnitte durch Tubuli intermedii mit abgeplattetem einschichtigem Epithel und mit einem Lumen, das frei von Erythrozyten ist.

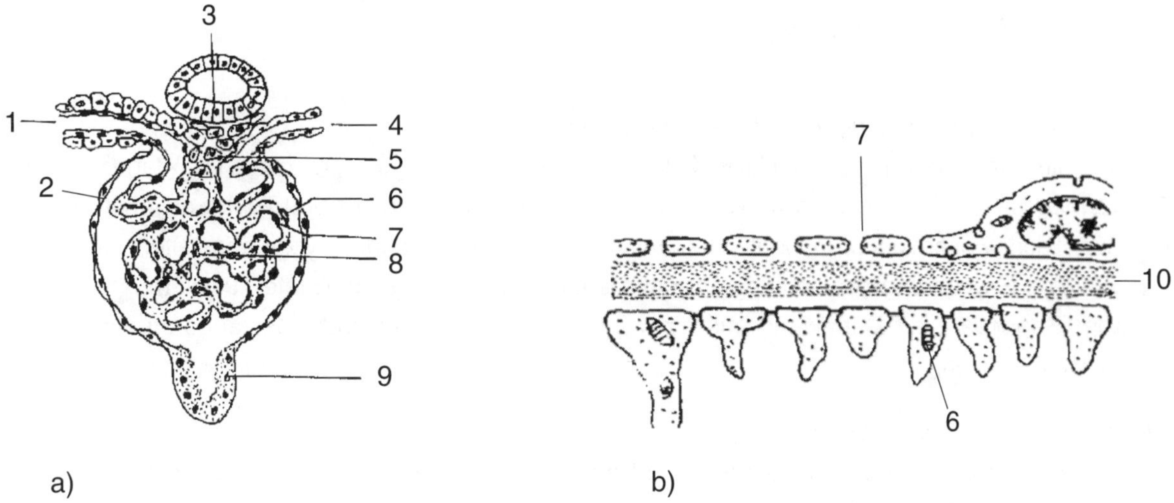

Abb. 6-2: Corpusculum renale (a) und Harnfilter (b)

1 A. glomerularis afferens mit Polkissenzellen ....

2 BOWMAN-Kapsel, parietales Blatt ....

3 Macula densa des Tubulus distalis ....

4 A. glomerularis efferens ....

5 extraglomeruläre Mesangiumzellen (GOORMAGHTIGH-Zellen) ....

6 Podozyten ....

7 fenestrierte Endothelzellen ....

8 intraglomeruläre Mesangiumzellen ....

9 Tubulus proximalis ....

10 Basallamina ....

6.3 URETER (HARNLEITER), HE
Kasten-Nr. 69, Abb. 6-3

Makroskopische Betrachtung und Übersichtsvergrößerung
Bei dem bleistiftstarken Hohlorgan fällt im Querschnitt ein sternförmiges Lumen auf. Die Wand ist in eine Tunica mucosa (Epithel = Urothel und Lamina propria), Tunica muscularis und Tunica adventitia gegliedert. Elastische Fasern der prominenten Lamina propria sind für die Bildung von Längsfalten verantwortlich, die eine Erweiterung der Lichtung ermöglichen. Die schwach ausgebildete Tunica muscularis besteht im Gegensatz zur Darmwand aus einer inneren Längsschicht und einer äußeren Ringschicht glatter Muskelzellen.

Mittlere und starke Vergrößerung
Das Urothel entfaltet seine charakteristischen Kennzeichen. Große, oft zweikernige Deckzellen besitzen eine „Crusta". Sie besteht aus der dicken Glykokalix und multiplen Invaginationen der apikalen Zellmembran zwischen Zytoskelettplatten, die hier nicht zu sehen sind (s. Skript Histologie).

Hinweis
Das untere Ureterdrittel (Pars pelvica) bekommt in der Tunica muscularis eine dritte Schicht. Diese äußere Längsschicht strahlt in die Harnblasenmuskulatur ein.

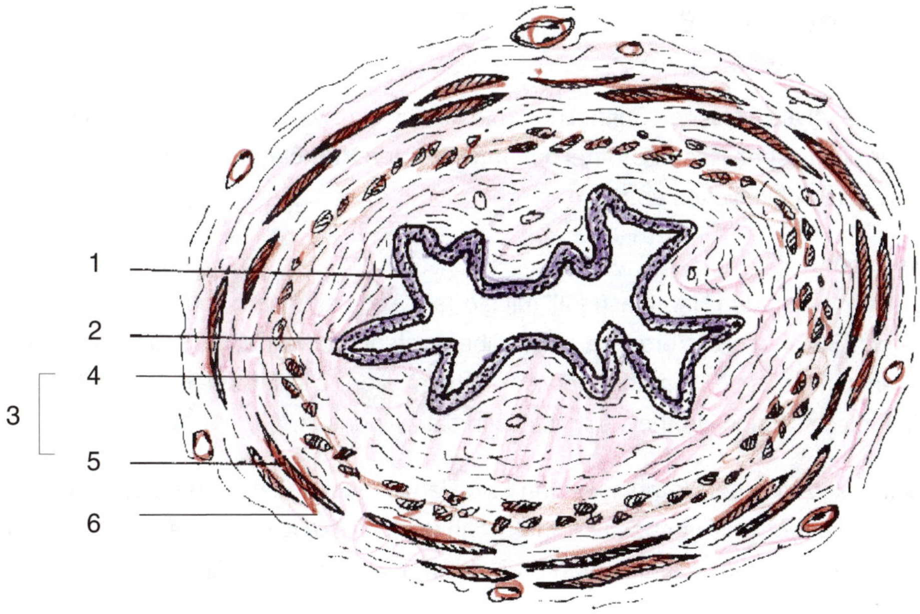

Abb. 6-3: Ureter

1	Übergangsepithel (Urothel)
2	Lamina propria mucosae
3	Tunica muscularis
4	Stratum longitudinale
5	Stratum circulare
6	Tunica adventitia

6.4 HARNBLASE (VESICA URINARIA), HE
Kasten-Nr. 05, Abb. 6-4

Das Übergangsepithel als typisches Epithel der ableitenden Harnwege passt sich dem Füllungszustand der Harnblase an. Deswegen ist das Urothel der ungedehnten Harnblase vielschichtig, in der gedehnten Harnblase nimmt die Schichtigkeit ab.

Alle Vergrößerungen
Am Präparat der ungedehnten Harnblase fällt mit bloßem Auge eine natürliche Oberfläche auf, die dem Urothel entspricht. Bei stärkerer Vergrößerung wölben sich die lumennahen Epithelzellen kapuzenartig vor. Das Bild entspricht den Plasmahauben der Crustazellen. Die intermediär und basal gelegenen Zellen des bis fünfschichtigen Urothels sind kubisch bis zylindrisch.

Bündel glatter Muskelzellen der Harnblasenwand sind längs, quer und diagonal getroffen, entsprechend der spiraligen Anordnung mit unterschiedlichen Steigungswinkeln des Musculus detrusor vesicae. Zwischen den Muskelbündeln liegen Nerven und vereinzelte intramurale Ganglien.

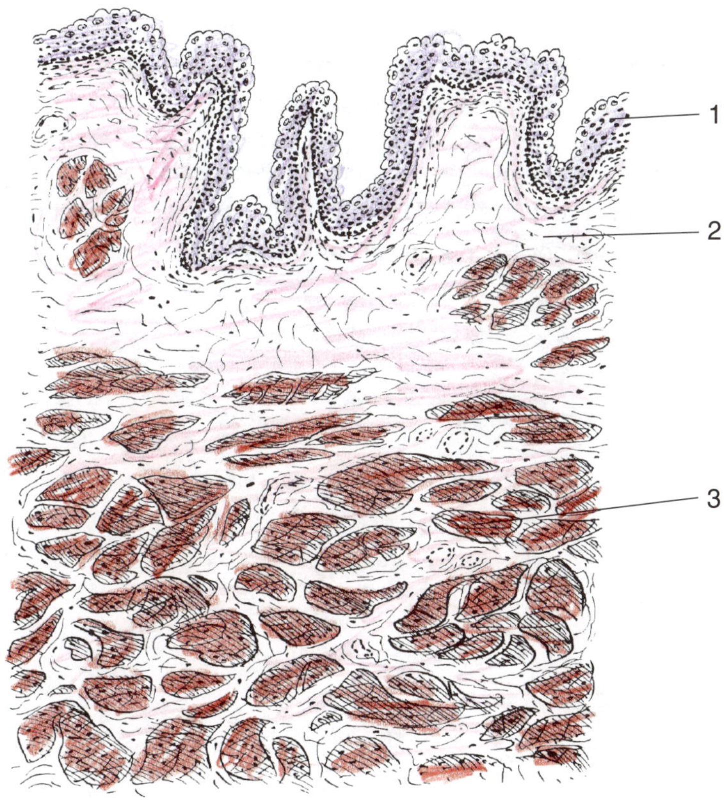

Abb. 6-4: Harnblase, ungedehnt

1 Urothel mit Deckzellen ....

2 Lamina propria der Tunica mucosa ....

3 Bündel glatter Muskelzellen des M. detrusor ....

6.5 URETHRA (s. männliche Geschlechtsorgane)

Die kurze weibliche Harnröhre wird in der oberen Hälfte von Urothel und in der unteren Hälfte von einem mehrschichtigen unverhorntem Plattenepithel ausgekleidet.

Beim Mann wird von einer Harnsamenröhre gesprochen, da gleichzeitig der Samen abgeleitet wird. Die Schleimhaut besteht bis zur Pars prostatica aus Übergangsepithel, in der Pars spongiosa befindet sich ein mehrschichtiges hochprismatisches Epithel und in der Fossa navicularis ein mehrschichtiges unverhorntes Plattenepithel.

7 MÄNNLICHE GESCHLECHTSORGANE

Zu den männlichen Geschlechtsorganen zählt der Hoden (Testis) als endokrines Organ und Organ der Reproduktion. Im Hoden werden die Spermien gebildet. Sie reifen in den samenableitenden Wegen (**Ductuli efferentes**, **Ductus epididymidis** mit Caput und Corpus) und werden in der Cauda des Ductus epididymidis gespeichert. Im nachfolgenden **Ductus deferens** werden die Spermien durch Muskelkontraktion aktiv transportiert. Da der Hoden die Hauptgeschlechtsdrüse ist, gelten die Drüsen der samenableitenden Wege als **akzessorische Geschlechtsdrüsen** (**Prostata**, **Vesicula seminalis**, **Gll. bulbourethrales**).

7.1 HODEN (TESTIS), HE
Kasten-Nr. 70, Abb. 7-1

Der Hoden besitzt eine straffe Kapsel (**Tunica albuginea**), die von Serosaepithel (**Epiorchium**) überzogen wird. **Septula testis** erstrecken sich von der Kapsel in das Hodenparenchym bis zum **Mediastinum testis**. Die Septula begrenzen die Hodenläppchen (**Lobuli testis**). In ihnen liegen zwei bis drei gewundene Hodenkanälchen (**Tubuli seminiferi contorti**). Sie gehen vor dem Mediastinum testis in die **Tubuli seminiferi recti** über, die schließlich in das **Rete testis** einmünden. Von ihm gehen 25 **Ductuli efferentes** zum Kopf des Nebenhodengangs aus. Die Hodenkanälchen werden vom samenbildenden Epithel (Keimepithel) ausgekleidet. Bei der Bildung der Spermien sind drei Phasen zu unterscheiden:

- Spermatozytogenese, i.e. die Mitose der Spermatogonien A (Vermehrungsphase) und die Mitose der Spermatogonien B (Wachstumsphase)
- Meiose mit 1. und 2. Reifeteilung der Spermatozyten 1. und 2. Ordnung, auch Reifungsphase genannt
- Spermiogenese, i.e. die Differenzierung der Spermatiden zu Spermien, (Differenzierungsphase)

Makroskopische Betrachtung und Übersichtsvergrößerung
Die kräftig rot gefärbte Tunica albuginea zeigt stellenweise flaches einschichtiges Epithel als Rest des Epiorchiums und vereinzelte Gefäßanschnitte der A. testicularis. Die umschriebene Ansammlung von Fettgewebe und Blutgefäßen entspricht dem **Mesotestis** mit Anschnitten des Plexus pampiniformis und der A. testicularis. Dort liegt parenchymseitig der Tunica albuginea das Rete testis.

Mittlere und starke Vergrößerung
Die quer, längs und tangential geschnittenen Tubuli seminiferi contorti werden vom Keimepithel ausgekleidet. Es besteht aus SERTOLI-Zellen und Zellen der Spermatogenese. **SERTOLI-Zellen** reichen von der Basalmembran bis zum Lumen der Hodenkanälchen. SERTOLI-Zellen besitzen einen ovalen, eher basalständigen Kern mit einem distinkten, unregelmäßig geformten Nukleolus. Folgende Zellen der Spermatogenese sind zu differenzieren. **Spermatogonien** liegen direkt der Basalmembran auf und teilen sich mitotisch. **Spermatozyten 1. Ordnung** entsprechen den größten Zellen, weil sie sich in der über 22 Tage ablaufenden Prophase der 1. Reifeteilung befinden. Deswegen fehlt die Kernmembran und das Chromatin scheint „fädig“ (Spiralisierung der Chromosomen). Lumenwärts folgen die **Spermatozyten 2. Ordnung** (2. Reifeteilung abgeschlossen) mit deutlich kleinerem Durchmesser. **Spermatiden** sind die kleinsten Zellen von noch runder Gestalt. **Spermien** entsprechen kräftig blau gefärbten, längsovalen Gebilden, oft kommaartig ohne erkennbares Zytoplasma gestaltet. Die Wand der Hodenkanälchen wird Tunica propria genannt und enthält Bündel **peritubulärer Zellen** mit kontraktiler Fähigkeit. Die Grenze zwischen Keimepithel und Kanälchenwand bildet die Basalmembran (**Lamina limitans propria**). Im Raum zwischen den Tubuli seminiferi contorti liegen in lockerem kollagenem Bindegewebe die **LEYDIG- Zwischenzellen** als kleine Gruppen von Epithelzellen mit einem meist wabigen Zytoplasma. Dieses ist durch herausgelöste Lipidtropfen bedingt. Lipide werden von den LEYDIG-Zwischenzellen für die Androgensynthese benötigt.

Hinweis

SERTOLI-Zellen sind durch dichte Zonulae occludentes verbunden. Sie bilden die **Blut-Hoden-Schranke**, die das Keimepithel in ein basales und ein adluminales Kompartiment gliedert.

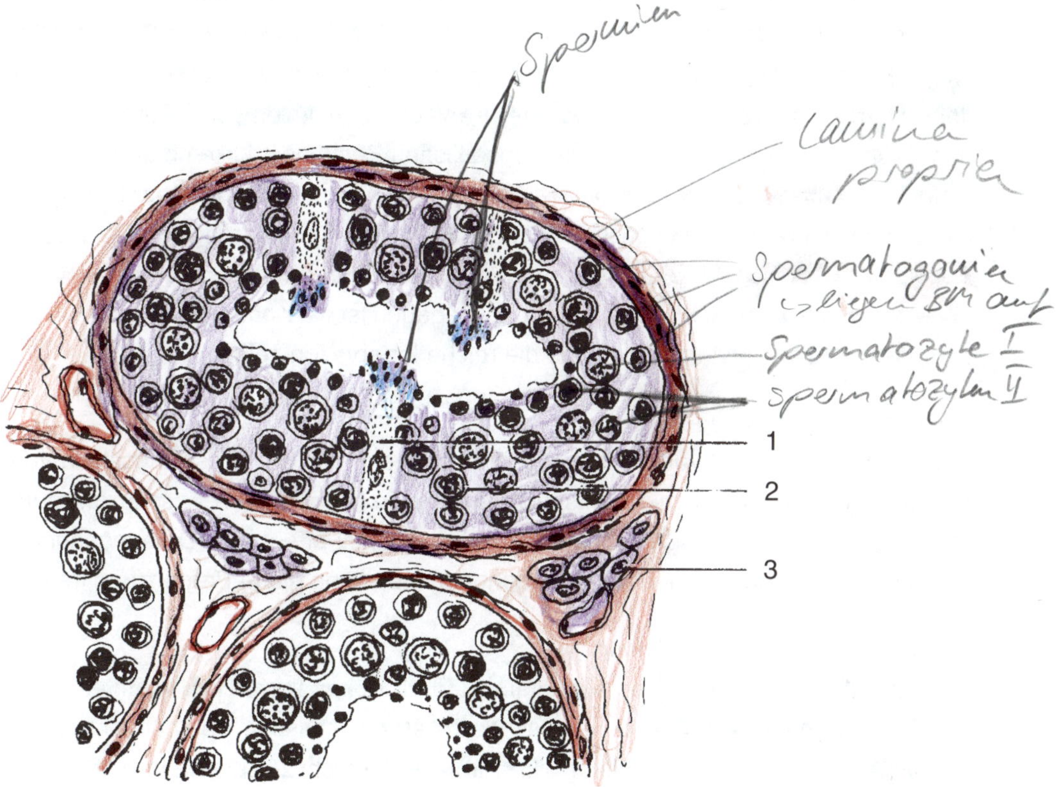

Abb. 7-1: Hoden, Tubuli seminiferi contorti

1	SERTOLI-Zelle	....
2	Stadien der Spermatogenese	....
3	LEYDIG-Zwischenzellen	....

7.2 DUCTULI EFFERENTES und DUCTUS EPIDIDYMIDIS (NEBENHODENKOPF), HE

Kasten-Nr. 71, Abb. 7-2

Der Nebenhoden enthält den bis zu 5 Meter langen **Ductus epididymidis**, der aus einem Caput, einem Corpus und einer Cauda besteht. Im Bereich seines Kopfes münden die **Ductuli efferentes**. Die Cauda speichert Spermien, die im sauren Milieu (pH 6,5) immobil sind (Säurestarre). Der Ductus epididymidis geht in den etwa 30 cm langen **Ductus deferens** über, der im dorsalen Bereich des Samenstrangs liegt, den Leistenkanal durchzieht und, von der seitlichen Beckenwand kommend, von dorsal in die Prostata eintritt. Zur Funktion der samenableitenden Wege gehören: Resorption der Hodenflüssigkeit (90%), Sekretion von Nähr- und Reifungsstoffen für die Spermien, Speicherung und Transport der Spermien. Der Transport bis zur Cauda des Nebenhodengangs erfolgt durch peristaltische Kontraktion der glatten Muskulatur, die auch autonom gesteuert ist. Dagegen ist die Kontraktion der Ductus deferens- Muskulatur ausschließlich nerval geregelt, wie die reiche Innervation zeigt.

Übersichtsvergrößerung

Das Präparat ist hälftig von Peritonealepithel bedeckt, das der Umschlagsstelle vom Epi- in das Periorchium im Sinus epididymidis entspricht. Wenn die Lichtung von Anschnitten durch Kanälchen eine „girlandenartige“ Linie zeigt, handelt es sich um Ductuli efferentes. Demgegenüber haben Anschnitte durch den stark gewundenen Nebenhodengang stets eine glatte Begrenzung des Lumens.

Mittlere und starke Vergrößerung

Die **Ductuli efferentes** weisen ein unterschiedlich hohes mehrreihiges Epithel auf, wobei Abschnitte hochprismatischer Zellen mit denen flacher Zellen abwechseln. Das hochprismatische Epithel besitzt **Kinozilien**, das flache Epithel bildet Mikrovilli aus (hier nicht zu sehen). In der Wand der Ductuli efferentes liegt eine sehr dünne Schicht glatter Muskelzellen.

Der **Ductus epididymidis** besitzt ein zweireihiges Zylinderepithel mit **Stereozilien**. Im Lumen können Spermien zu sehen sein. Zirkulär angeordnete glatte Muskelzellen haben an Dichte zugenommen, verglichen mit den Ductuli efferentes.

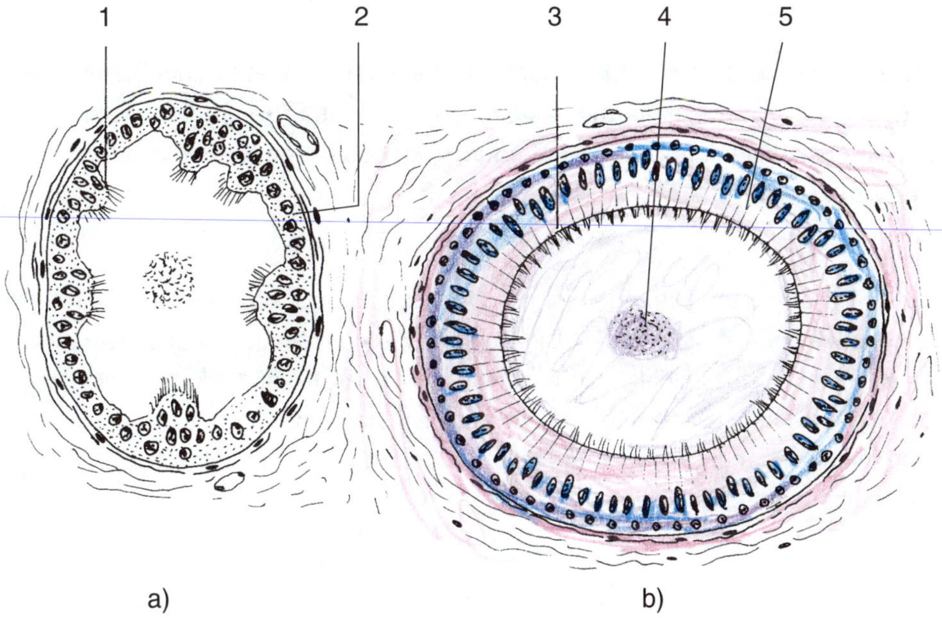

Abb. 7-2: Nebenhodenkopf
a) Ductulus efferens
b) Ductus epididymidis

1 Kinozilien und zweireihiges Epithel ....

2 einreihiges kubisches Epithel ....

3 Stereozilien ....

4 Spermien ....

5 zweireihiges Zylinderepithel ....

7.3 SAMENSTRANG (FUNICULUS SPERMATICUS), GOLDNER
Kasten-Nr. 72, Abb. 7-3

Im **dorsalen** Bereich des Samenstrangs (Funiculus spermaticus) befindet sich der Samenleiter (**Ductus deferens**), umgeben von Ästen der A. ductus deferentis und des Plexus deferentialis. Im **ventralen** Bereich finden sich Anschnitte durch die **A. testicularis**, umgeben von Nerven des Plexus testicularis und von dem venösen Plexus pampiniformis.

Alle Vergrößerungen
Im dorsalen Abschnitt des Samenstranges ist der Ductus deferens aufzusuchen. Seine Lichtung ist sternförmig durch aufgeworfene Längsfalten. Die Lichtung wird von einem zweireihigem Zylinderepithel mit Stereozilien wie beim Ductus epididymidis ausgekleidet. Die kräftig entwickelte Tunica muscularis ist dreigeschichtet: Stratum longitudinale internum, Stratum circulare und Stratum longitudinale externum. Es handelt sich um spiralig angeordnete Züge glatter Muskulatur mit unterschiedlichen Steigungswinkeln, die sich scheinbar zu drei Schichten aufbauen.

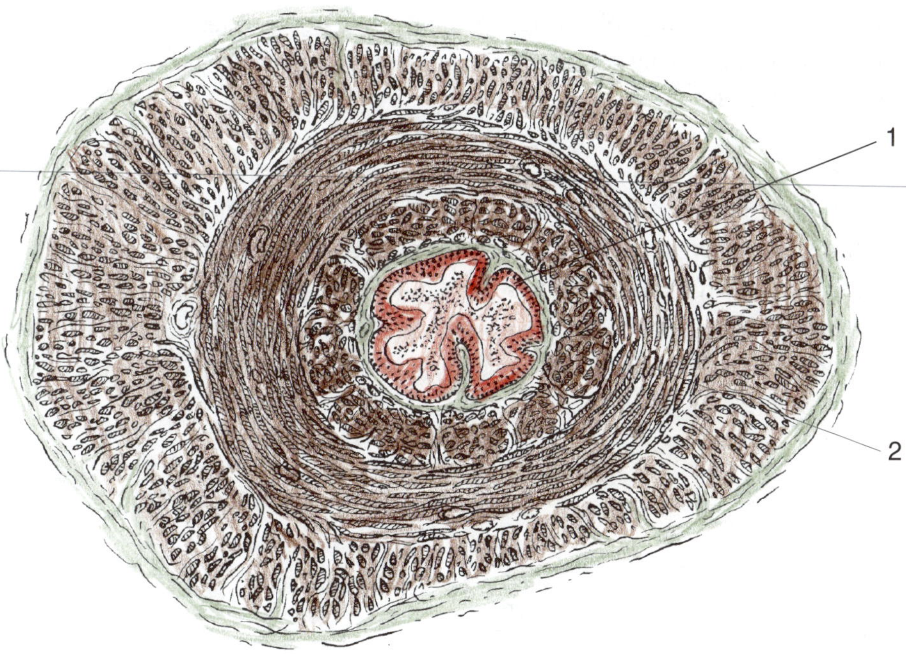

Abb. 7-3: Ductus deferens

1 zweireihiges, prismatisches Epithel mit Stereozilien der Tunica mucosa ....

2 Ringmuskulatur, begrenzt von innerer und äußerer Längsmuskulatur der Tunica muscularis ....

7.4 BLÄSCHENDRÜSE (GLANDULA VESICULOSA), HE
Kasten-Nr. 74, Abb. 7-4

Die paarige Samenblase besteht aus je einem 15 cm langen, stark gewundenem Gang. Das Sekret der Samenblase macht ¾ der Flüssigkeit des Ejakulats aus und ist schwach alkalisch. Der Verlust der Samenblasen führt zur Intfertilität.

Alle Vergrößerungen
Mit dem bloßem Auge sind Anschnitte durch den stark gewundenen Drüsenschlauch zu sehen. Typisch für das Organ ist ein weites Lumen mit Schleimhautfalten, die sich verzweigen und häufig miteinander in Kontakt stehen. Das prismatische Epithel ist einschichtig, kann auf den Faltenleisten zwei- bis mehrreihig werden. Die Wand der Bläschendrüse ist reich an glatter Muskulatur, teils längs-, teils ringförmig angeordnet. Zusätzlich sind Gefäß- und Nervenanschnitte sowie intramurale Ganglien zu finden.

nicht mit Gallenblase verwechseln!

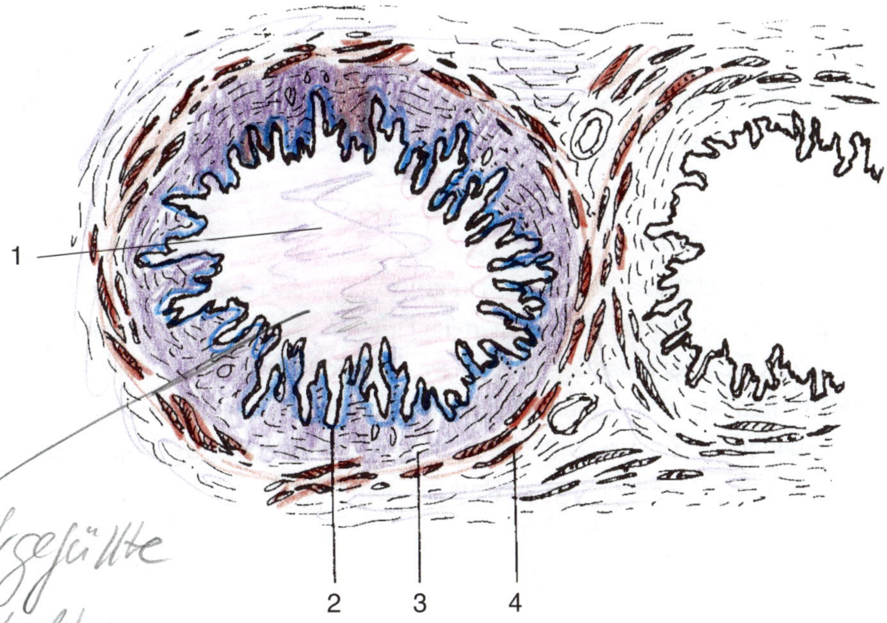

Sekretgefüllte Lichtungen

Abb. 7-4: Samenblase

1 Lichtung ....

2 einschichtiges Epithel ....prismatisch....

3 subepitheliale Bindegewebsschicht (Lamina propria) ....

4 Tunica muscularis ....

7.5 PROSTATA (VORSTEHERDRÜSE), HE
Kasten-Nr. 73, Abb. 7-5

Das Prostatasekret, das 20 % des Ejakulates ausmacht, konditioniert das Milieu der Spermien. Das Sekret enthält unter anderem Zitronensäure, Prostaglandine, saure Phosphatasen und das Prostata-spezifische Antigen, das bei entzündlichen oder bösartigen Veränderungen verstärkt gebildet wird und dann im Serum erhöht ist.

Alle Vergrößerungen
Anschnitte durch 30 bis 50 tubulo-alveoläre Drüsen sind in kräftig entwickeltes **fibromuskuläres Bindegewebe** (glatte Muskulatur) eingebettet. Das Lumen der Drüsenabschnitte wird von einem zweireihigen Zylinderepithel ausgekleidet, das zwischen hochprismatisch oder kubisch entsprechend der unterschiedlichen sekretorischen Aktivität variiert. Zahlreiche Epithelzellen sind abgeschilfert und deutlich heller gefärbt als die Epithelzellen im Verband. Wenn sich Kalkniederschläge in abgeschilferten Epithelzellen und im eingedickten Sekret bilden, liegen Prostatasteine vor.

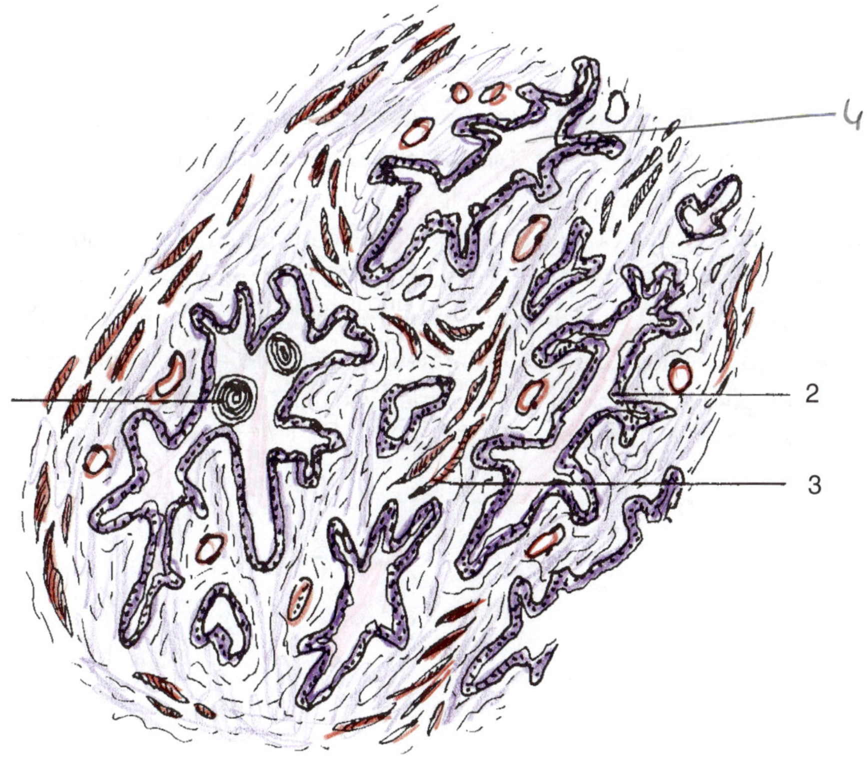

Abb. 7-5: Prostata

1 Prostatastein ....

2 Zylinderepithel einzelligen, [illegible] prismat. Epithel

3 fibromuskuläres Gewebe ....

4 tubulo-alveoläre - Einzeldrüse

7.6 URETHRA (Pars spongiosa), Kind, HE
Kasten-Nr. 75, Abb. 7-6

Alle Vergrößerungen

Der Querschnitt durch die Pars spongiosa zeigt im Bereich des Dorsum penis die beiden Corpora cavernosa, getrennt durch das Septum penis. Sie bestehen aus kollabierten Kavernen und besitzen eine Kapsel aus straffem kollagenen Bindegewebe. In der Tiefe der Schwellkörper liegt die A. profunda penis. Im ventralen Bereich ist das Corpus spongiosum mit der Urethra, Pars spongiosa, angeschnitten. Ihre Lichtung zeigt längs aufgeworfene Schleimhautfalten, die hier quer geschnitten sind. Das Epithel ist mehrreihig und hochprismatisch. In den **Lacunae urethrales**, welches Ausbuchtungen des Epithels in die Lamina propria sind, münden die **Gll. urethrales**. Angrenzend an die Lamina propria liegen kollabierte Kavernen des Corpus spongiosum. Sie werden von der Tunica albuginea umschlossen, die aus derbem, straffem kollagenem Bindegewebe besteht.

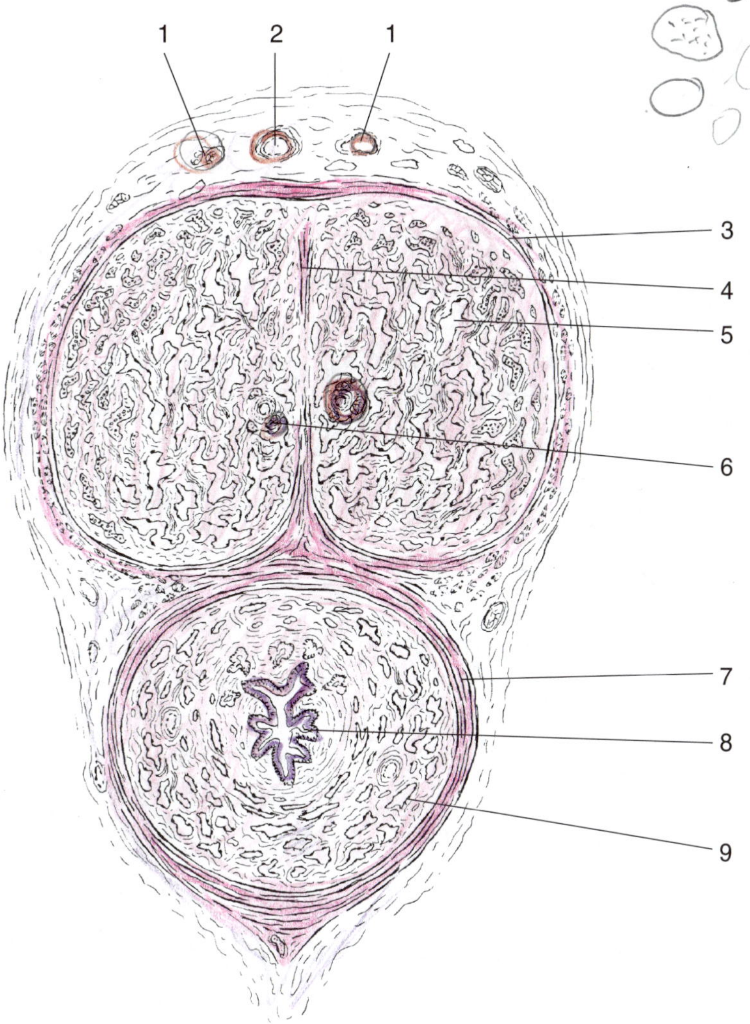

Abb. 7-6: Urethra, Pars spongiosa

1	A. dorsalis penis (paarig)	....
2	V. dorsalis penis (unpaar)	....
3	Tunica albuginea des Corpus cavernosum	....
4	Septum penis	....
5	Kaverne	....
6	A. profunda penis (paarig)	....
7	Tunica albuginea des Corpus spongiosum	....
8	Urethra	mehrreihiges hochprismat. Epithel
9	Kaverne	....

Notizen:

8 WEIBLICHE GESCHLECHTSORGANE

Das paarige Ovar als primäres Geschlechtsorgan ist ein endokrines Organ und steht im Dienste der Reproduktion, weil im Ovar befruchtungsfähige Eizellen heranreifen. Die sekundären inneren Geschlechtsorgane umfassen die paarige **Tuba uterina**, den **Uterus** und die **Vagina**. Zu den weiblichen Geschlechtsorganen gehört im weitesten Sinn auch die **Plazenta**, da sich der mütterliche Teil aus der Gebärmutterschleimhaut entwickelt.

8.1 – 8.3 OVAR (EIERSTOCK)

Bei der Geburt enthält jedes menschliche Ovar etwa 1×10^6 **primäre Oozyten**, die in der Phase der ersten Reifeteilung arretiert sind. Primäre Oozyten wachsen vom **Primordialfollikel** über **Primärfollikel** zu **Sekundär-** und **Tertiärfollikeln** heran. Mit der Pubertät bildet sich in jedem ovariellen Zyklus eine Kohorte von etwa sechs Tertiärfollikeln. Aus ihnen wird der dominante Follikel selektioniert, der zum **GRAAF-Follikel (präovulatorischer Follikel)** heranreift. Die primäre Oozyte nimmt die 1. Reifeteilung auf. Es entsteht die **sekundäre Oozyte** mit dem 1. Polkörperchen. Aus dem rupturierten GRAAF-Follikel entwickelt sich der **Gelbkörper (Corpus luteum)**. Etwa 99,9% aller heranwachsenden Follikel gehen durch **Follikelatresie** zugrunde.

Die Rinde des Ovars (**Cortex ovarii**) beherbergt Follikel in unterschiedlichen Stadien des Wachstums und der Atresie sowie Gelbkörper in der Phase der Entwicklung, der Sekretion und der Regression. Das Mark (**Medulla ovarii**) aus locker strukturiertem kollagenem Bindegewebe führt Blut- und Lymphgefäße sowie Nerven.

8.1 OVAR, Katze, AZAN
Kasten-Nr. 76, Abb. 8-1

Zum Studium des Gesamtorgans und der verschiedenen Follikelstadien wird ein Katzenovar benutzt, weil menschliche Ovarien mit erhaltenem ovariellem Zyklus sehr schwer zu bekommen und bei ihnen die Größenverhältnisse für einen Überblick über das Organ ungünstiger sind.

Übersichtsvergrößerung
Bei diesem Präparat sind das **Mesovar** und die **Mesosalpinx** mit angeschnitten, die jeweils das **Ovar** bzw. Anschnitte des **Eileiters** tragen. Zwischen den Follikeln s. u. liegt das zelldichte kortikale Stroma. Im Mark fallen Anschnitte von Blutgefäßen, weitlumigen Lymphgefässen und Nerven auf.

Mittlere und starke Vergrößerung
Unter dem Oberflächenepithel und der Tunica albuginea liegen Nester von **Primordialfollikeln**. Sie besitzen ein einschichtiges flaches **Follikelepithel**. Dagegen hat sich bei **Primärfollikeln** ein kubisch bis prismatisches Follikelepithel gebildet. Zwischen Eizelle und Follikelepithel entsteht eine homogene Schicht, die **Zona pellucida**, die hier blau gefärbt ist und in der PAS-Färbung eine violette Farbreaktion zeigt (hier nicht dargestellt). Das Follikelepithel ist von dem angrenzenden Bindegewebe durch eine Basalmembran getrennt, in der AZAN-Färbung als zart blaue Linie zu sehen. Wenn die Follikelepithelzellen proliferieren, entstehen kleine, mittlere und große **Sekundärfollikel** mit einem zwei- bis mehrschichtigen kubischen Epithel aus **Granulosazellen**. Eine **Theca folliculi** entwickelt sich zirkulär um die Basalmembran. Im Granulosazellepithel großer Sekundärfollikel bilden sich mit **Liquor folliculi** gefüllte Räume (Lakunen). Im weiteren Verlauf konfluieren diese zum **Antrum folliculi** eines Tertiärfollikels. Man unterscheidet eine äußere (murale) Granulosa, deren mehrschichtiges Epithel die Follikelhöhle auskleidet und eine innere Granulosa, die den eitragenden Hügel (**Cumulus oophorus**) bildet. Wie der Name andeutet, beherbergt er die (noch primäre) **Eizelle**. Sie hat im Vergleich zur Eizelle im Primordialfollikel deutlich an Größe zugenommen. Granulosazellen in unmittelbarer Nachbarschaft zur Eizelle bilden die **Corona radiata**. Die Theca folliculi gliedert sich jetzt in eine **Theca interna** mit epitheloiden Zellen und in eine **Theca externa** mit hauptsächlich spindelförmigen Myofibroblasten. Kapillaranschnitte sind nur in der Theca zu sehen, da die Granulosa **avaskulär** ist.

Das **kortikale Stroma** enthält endokrine Zellen mit epithelartigem Aussehen, die **interstitiellen Drüsenzellen**. Außerdem beobachtet man im kortikalen Stroma kollabierte, homogene Bänder, die der Zona pellucida atretischer Tertiärfollikel entsprechen.

Hinweise
Ein Tertiärfollikel mit Cumulus oophorus wird dann gesehen, wenn mit der Schnittebene der Eihügel getroffen ist. Dies ist selten. In der Regel liegen Anschnitte durch das Antrum folliculi ohne Cumulus oophorus vor. Im Katzenovar finden sich einzelne Follikel mit zwei Eizellen. Die prominenten interstitiellen Drüsenzellen mit epithelartigem Charakter sind ebenfalls typisch.

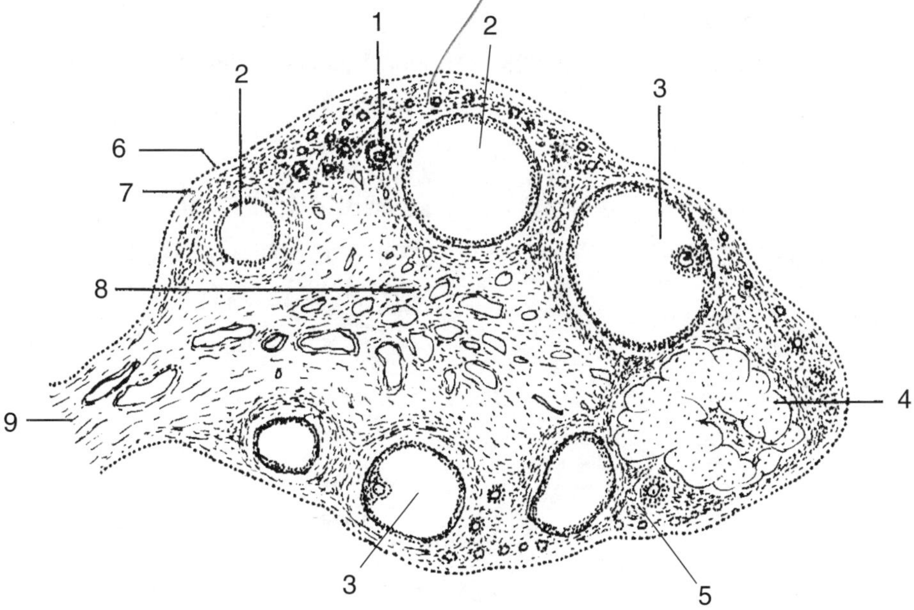

Abb. 8-1: Ovar (Übersicht)

1 Primärfollikel ....

2 Anschnitte durch Tertiärfollikel ....

3 Tertiärfollikel mit Cumulus oophorus ....

4 Corpus luteum ....

5 Cortex ovarii ....

6 Oberflächenepithel ....

7 Tunica albuginea ....

8 Medulla ovarii ....

9 Mesovar ....

8.2 OVAR, Katze, AZAN (Fortsetzung)
Kasten-Nr. 76, Abb. 8-2 (Follikelstadien)

Mittlere und starke Vergrößerung

Man suche im vorliegenden Präparat die verschiedenen **Follikelstadien** auf und mikroskopiere sie.

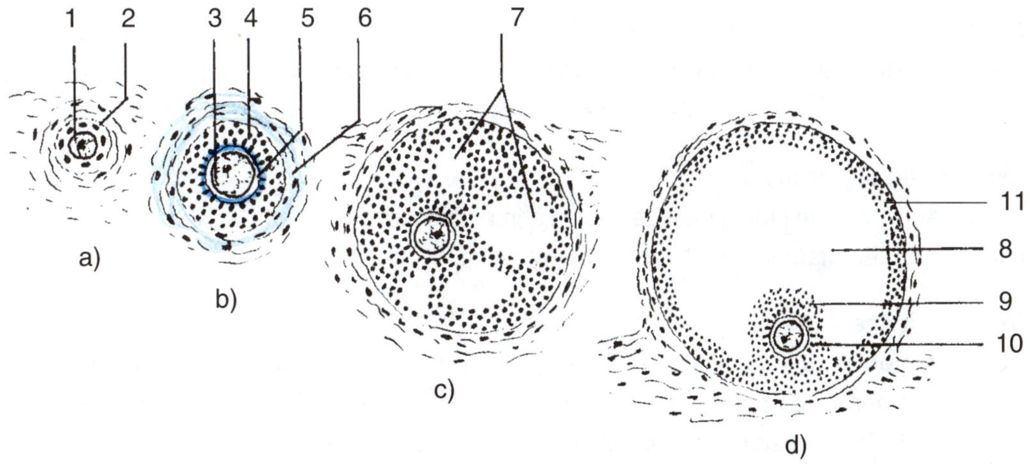

Abb. 8-2: Follikelstadien
a) Primärfollikel; b) Sekundärfollikel, klein; c) Sekundärfollikel, groß; d) Tertiärfollikel

1 primäre Eizelle ....

2 Follikelepithel ....

3 primäre Eizelle ....

4 Granulosaepithel ....

5 Zona pellucida ....

6 Theca folliculi ....

7 Lakunen ....

8 Antrum ....

9 Cumulus oophorus ....

10 Corona radiata und innere Granulosazellen ....

11 äussere Granulosazellen ....

8.3 OVAR, CORPUS LUTEUM, HE
Kasten-Nr. 77, Abb. 8-3

Das Corpus luteum ist eine temporäre endokrine Drüse, die sich aus dem rupturierten GRAAF-Follikel entwickelt. Die Basalmembran des reifen Follikels wird postovulatorisch abgebaut. Kapillaren sprossen von der Theca folliculi zwischen luteinisierende Granulosazellen (physiologische Angiogenese).

Makroskopische Betrachtung
Mit bloßem Auge fällt die kräftig blau gefärbte schmale Rindenzone auf. Ein Hohlraum ist zu sehen, der mit rötlich gefärbten Material (Blutkoagulum) gefüllt ist.

Alle Vergrößerungen
Der Hohlraum gehört zu einem jungen Gelbkörper und entspricht dem ehemaligen Antrum folliculi. Bei der Ruptur kollabierte die Follikelwand des GRAAF-Follikels. Deswegen ist das Parenchym des Corpus luteums „gyriert". Das kapselnahe Parenchym besteht aus einer schmalen Schicht kleiner Lutealzellen. Da sie von der Theca abstammen, heißen sie **Theca-Luteinzellen**. Die überwiegenden Lutealzellen sind groß, zytoplasmareich und besitzen einen runden zentralständigen Kern. Dieser Lutealzelltyp leitet sich von der Granulosa ab (**Granulosa-Luteinzellen**). Zwischen den Lutealzellen fallen chromatindichte, längsovale Endothelzellkerne der Kapillaren auf.

Das zelldichte kortikale Stroma lässt keine Primordialfollikel entdecken. Dafür sind mehrere hyaline Körper mit einwachsenden Fibroblasten auffällig. Hier handelt es sich um Gelbkörper zurückliegender ovarieller Zyklen (**Corpora albicantia**). Zystische Gebilde entsprechen großen Tertiärfollikeln im fortgeschrittenen Atresiestadium.

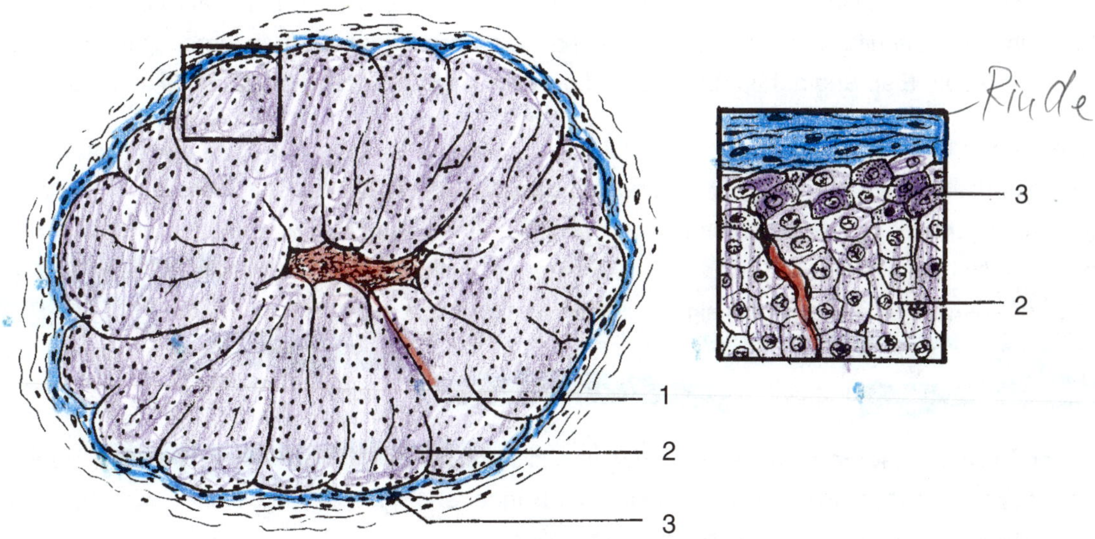

Abb. 8-3: Corpus luteum

1 Blutkoagulum ....

2 Granulosaluteinzellen ....

3 Thecaluteinzellen ....

8.4 TUBA UTERINA (Pars ampullaris), AZAN
Kasten-Nr. 78, Abb. 8-4

Die bleistiftstarke, etwa 15 cm lange Tuba uterina wird in vier Abschnitte makroskopisch gegliedert: Infundibulum, Ampulla, Isthmus und Pars uterina. Das Infundibulum mit den Fimbriae tubae fängt die Eizelle nach dem Eisprung auf. In der Regel ist der Ort der Befruchtung die Ampulla tubae uterinae.

Alle Vergrößerungen
Charakteristisch für die Ampulle ist eine gut entwickelte Tunica mucosa als innere der drei Wandschichten (Tunica mucosa, Tunica muscularis und Tunica serosa). Da in der zu Faltenbäumchen aufgeworfenen Schleimhaut die Lichtung schwer zu lokalisieren ist, wird dieser Abschnitt **Tubenlabyrinth** genannt. Die **Tubenschleimhaut** zeigt ein einschichtiges iso- bis hochprismatisches Epithel. **Flimmerzellen**, deren Kinozilien uteruswärts schlagen, fallen ebenso auf wie **sekretorische Zellen** mit einem schlanken basalen Zytoplasma und einem erweiterten apikalen Anteil.

In der **Tunica muscularis** lassen sich wegen des spiraligen Verlaufs der Muskelbündel die Schichten nur unscharf trennen. Schleimhautnah sind die Bündel eher zirkulär angeordnet, während serosanah die glatten Muskelzellen in Längsbündeln verlaufen.

Die Tela subserosa der **Tunica serosa** zeigt im Bereiche der **Mesosalpinx** weitlumige Blutgefäße und Nerven.

Hinweise
Das uterusnahe Drittel der Tuba uterina entspricht dem Isthmus mit kräftiger Tunica muscularis, während sich die Tunica mucosa zurücknimmt und deswegen das Tubenlabyrinth fehlt.

Eileiter, Ureter und Ductus deferens sind differentialdiagnostisch zu unterscheiden. Die Schleimhaut des Ureters besitzt ein Urothel, die des Eileiters zeigt Flimmerepithelzellen, und der Ductus deferens hat eine dreischichtige dicke Tunica muscularis.

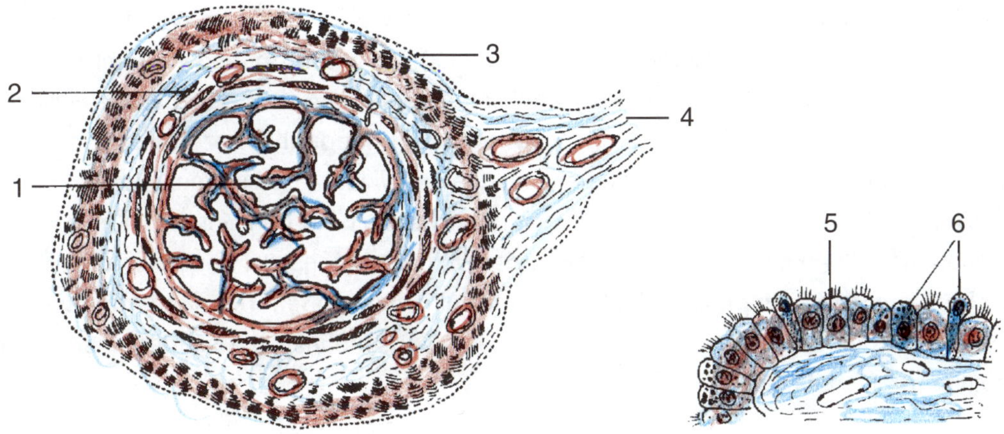

Abb. 8-4: Tuba uterina, pars ampullaris

1 Schleimhautfalten ....

2 Tunica muscularis ....

3 Tunica serosa ....

4 Mesosalpinx ....

5 Flimmerzellen mit uteruswärts schlagenden Kinozilien

6 sekretorische Zellen ....

8.5 – 8.7 UTERUS (GEBÄRMUTTER)

Makroskopisch wird der Uterus in Fundus, Corpus und Cervix unterteilt. Die Wand des Uterus gliedert sich darüber hinaus in das **Endometrium** (Schleimhaut), **Myometrium** und **Perimetrium**. Unter dem Einfluss des Östrogens, das von wachsenden Tertiärfollikeln und dem dominanten Follikel verstärkt sezerniert wird, proliferiert der als **Stratum functionale** (**Functionalis**) bezeichnete Teil der Schleimhaut während der Proliferationsphase des endometrialen Zyklus. Progesteron wird vom Gelbkörper in der **Sekretionsphase** sezerniert. Das Sexualhormon wandelt die Functionalis in eine sekretorische Schleimhaut um. Wenn kein Progesteron produziert wird, kommt es zur Kontraktion der Spiralarterien und zur Blutleere (**Ischämiephase**). Die Functionalis wird abgestoßen (**Desquamationsphase**). Dabei bleibt das **Stratum basale** (**Basalis**) zurück, da seine Drüsenendstücke mit der inneren Schicht des Myometriums verzahnt sind.

Bei der Proliferations- und Sekretionsphase werden jeweils eine frühe, mittlere und späte Phase unterschieden. Im folgenden werden die späten Phasen vorgestellt.

8.5 UTERUS, späte Proliferationsphase, van GIESON
Kasten-Nr. 79, Abb. 8-5

Alle Vergrößerungen
In der Übersichtsvergrößerung ist die sich heller darstellende Functionalis von der farbdichten Basalis abzugrenzen. Leicht gewundene tubuläre Gll. uterinae liegen zwischen der zellreichen Lamina propria (zytogenes Stroma). Die Drüsen reichen bis zum Oberflächenepithel. Das zweireihige Drüsenepithel enthält **Mitosen**. Von der Basalis dringen Drüsenendstücke zwischen die innere Schicht des Myometriums vor. Kleine Ansammlungen von Lymphozyten sind auffällig.

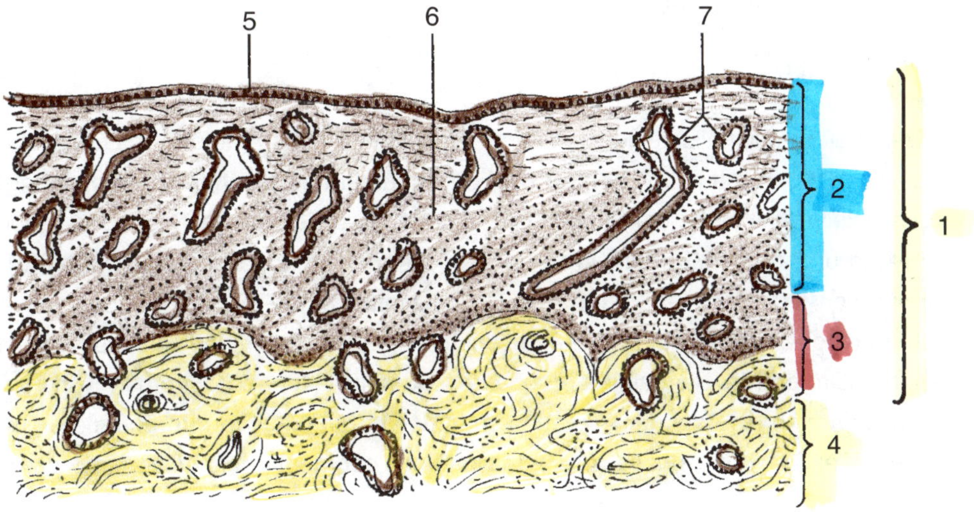

Abb. 8-5: Endometrium, Proliferationsphase

1 Endometrium ....

2 Stratum functionale ....

3 Stratum basale ....

4 Myometrium ....

5 Oberflächenepithel ....

6 Lamina propria ....

7 Gll. uterinae tubulöre Drüsen mit 2-reihigem Epithel

8.6 UTERUS, späte Sekretionsphase, HE
Kasten-Nr. 80, Abb. 8-6

Alle Vergrößerungen

Die **Gll. uterinae** der Functionalis zeigen zahlreiche Einfaltungen des Epithels. Im Längsschnitt stellen sie sich als gezackte Konturen mit **Sägeblattform** dar, bedingt durch zunehmende Schlängelung der Drüsen bei gleichbleibender Höhe der Functionalis in der späten Sekretionsphase. Das Zylinderepithel ist streng einreihig und **ohne Mitosen**. In der oberflächennahen Functionalis (**Compacta**) fallen im Stroma Gruppen von **Praedecidua-Zellen** auf. Diese „hinfälligen" Zellen des endometrialen Zyklus transformieren sich bei eingetretener Schwangerschaft zu Deciduazellen, die zum mütterlichen Teil der Plazenta gehören. Daher trägt die Lamina propria den Namen "cytogenes Stroma". Korkenzieherartig gewundene Spiralarterien als Äste der A. uterina verlaufen durch die **Spongiosa** (unterer Teil) bis zur Compacta (oberer Teil) der Functionalis. Im Stroma kommen segmentierte und mononukleäre Leukozyten vor.

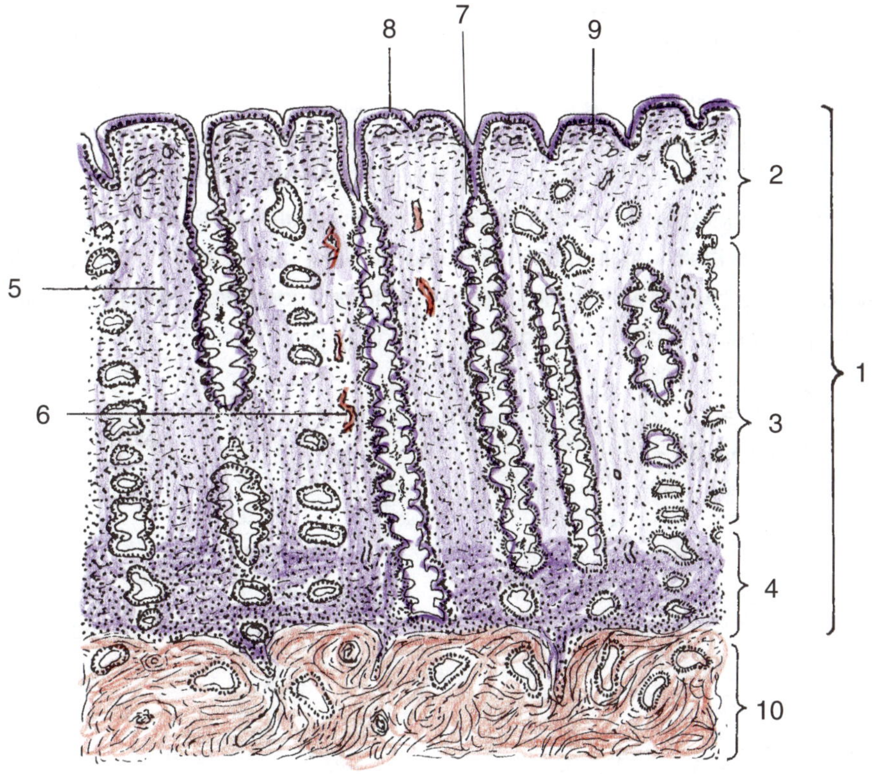

Abb. 8-6: Endometrium, Sekretionsphase

1 Endometrium ....

2 Compacta des Stratum functionale..........

3 Spongiosa des Stratum functionale..........

4 Stratum basale ....

5 Lamina propria
mit zytogenem Stroma..........

6 Spiralarterien ....

7 Gll. uterinae
mit Sägeblattform ....

8 Oberflächenepithel ....

9 Praedeciduazellen ....

10 Myometrium mit Basalisdrüsen ....

8.7 UTERUS, PORTIO VAGINALIS, HE
Kasten-Nr. 81, Abb. 8-7

Die Zervix des Uterus besteht aus der **Pars supravaginalis** mit dem Canalis cervicis und der **Pars vaginalis**, welche den äußeren Muttermund trägt und vom Kliniker **„Portio“** genannt wird. Während der Geschlechtsreife liegt die Übergangszone vom einschichtigen Zylinderepithel der Zervixschleimhaut in das mehrschichtige unverhornte Plattenepithel auf der Portiooberfläche um den äußeren Muttermund. Die Zervixschleimhaut durchläuft keine zyklusabhängigen Veränderungen wie das Endometrium. Zur Zeit der Ovulation ist der Zervixschleim durchlässig für Spermien („spinnbarer Schleim“).

Makroskopische Betrachtung
Die schmale Schleimhaut des Canalis cervicis ist färberisch kaum hervorgehoben. An der Portiooberfläche, wo sich das mehrschichtig unverhornte Plattenepithel befindet, ist jedoch ein kräftig blau gefärbter Saum zu sehen.

Alle Vergrößerungen
Die verzweigten tubulären Drüsen der Zervixschleimhaut zeigen ein einschichtiges, hochprismatisches Epithel. Im Bereiche der Portio ist ein mehrschichtiges, unverhorntes Plattenepithel anzutreffen, das über die Zervixdrüsen wachsen kann. Wenn deren Ausgang verschlossen wird und Sekret nicht abfließt, bildet sich ein makroskopisch sichtbares Zervixzystchen (**Ovulum NABOTHI**). In der Übergangszone zwischen beiden Epithelarten ist die Lamina propria leukozytär infiltriert, was auf einen lokalen Abwehrprozess schließen lässt.

Hinweis
Die Übergangszone von Zylinder- zum Plattenepithel wird als „Wetterecke“ angesehen, weil sich hier bevorzugt Zervixkarzinome entwickeln.

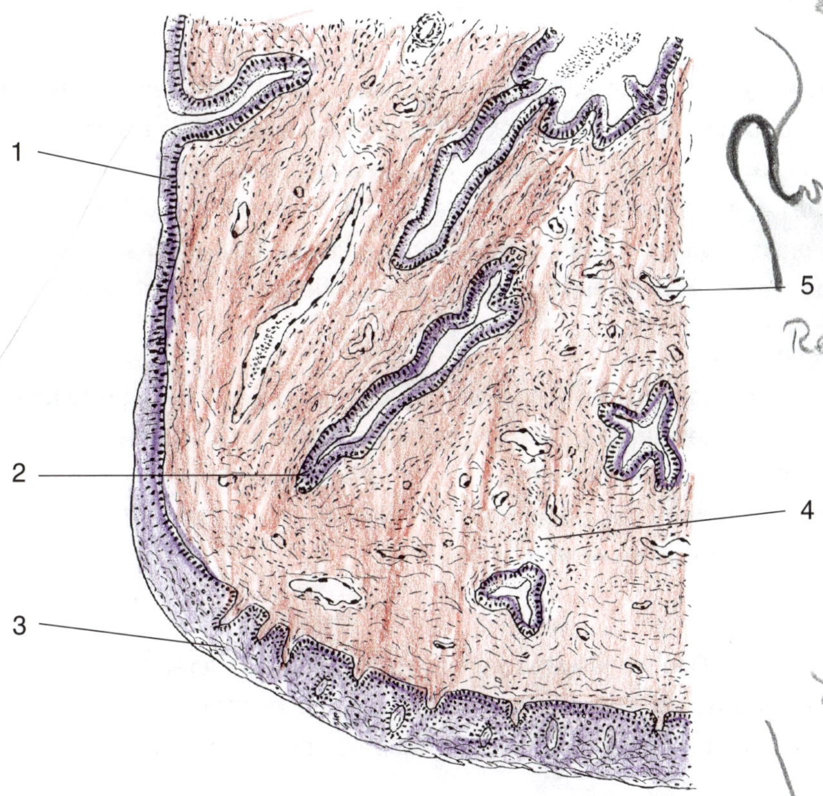

Abb. 8-7: Uterus, Portio

1 einschichtiges, hochprismatisches Epithel der Zervixschleimhaut ....

2 Zervixdrüse, von mehrschichtigem, unverhorntem Plattenepithel überwachsen ....

3 mehrschichtiges, unverhorntes Plattenepithel ....

4 bindegewebiges Stroma ....

5 Blutgefäße ....

8.8 VAGINA (SCHEIDE)

Kasten-Nr. 82, Abb. 8-8

HE

In der Vagina sind die Superfizialzellen des mehrschichtig unverhornten Plattenepithels glykogenreich. Glykogen wird von abgeschilferten Epithelzellen frei gesetzt und dient als Nährboden für die physiologische Scheidenflora der DÖDERLEIN-Bakterien. Sie bilden Milchsäure und sorgen für das saure Scheiden-Milieu, pH 4–4,5. Deswegen gilt die Vagina als Säureschleuse. Das Epithel der Vaginalschleimhaut proliferiert unter dem Einfluss von Östrogen in der Follikelphase des ovariellen Zyklus. Zellen des Epithels werden in der Gelbkörperphase des ovariellen Zyklus vermehrt abgestoßen.

Alle Vergrößerungen

Das mehrschichtig unverhornte Plattenepithel der **Tunica mucosa** sitzt der Lamina propria breitflächig auf. Die Vagina besitzt keine Lamina muscularis mucosae, sondern eine Lamina propria aus lockerem kollagenem Bindegewebe mit elastischen Netzen und Venengeflechten. Die **Tunica muscularis** ist schwach entwickelt und besteht aus Bündeln glatter Muskelzellen. Über die **Tunica adventitia** ist die Vaginalwand mit den Nachbarorganen verbunden.

Hinweis

Die Vagina kann mit der Ösophaguswand verwechselt werden. Differentialdiagnostisch besitzt die Wand der Vagina keine typische Vierschichtung, die Lamina muscularis mucosae fehlt, die dünne Tunica muscularis ist **nicht** in eine innere Ring- und äußere Längsschicht gegliedert.

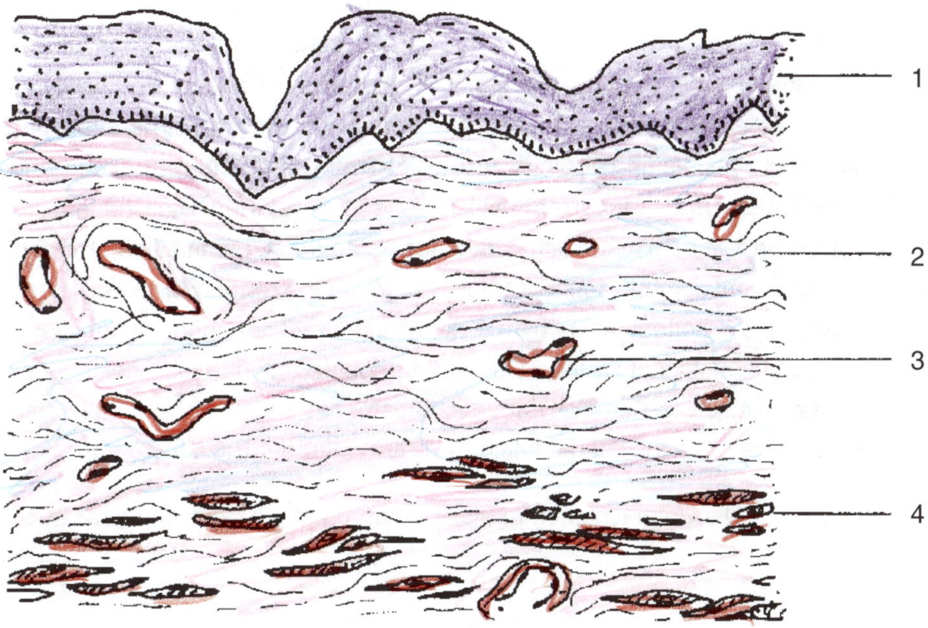

Abb. 8-8: Vagina

1 mehrschichtiges unverhorntes Plattenepithel ....

2 Lamina propria ....

3 Venengeflechte in der Lamina propria ....

4 Tunica muscularis ....

8.9 PLAZENTA

Die Plazenta dient der Ernährung des Embryos. Sie ist ein Ausscheidungsorgan und ein endokrines Organ. Die Plazenta gliedert sich in einen **mütterlichen Teil**, der sich aus dem Endometrium entwickelt, und einen **fetalen Teil**. Er leitet sich vom Trophoblast ab. Zum mütterlichen Teil gehören die **Basalplatte** mit den **Plazentasepten**, zum fetalen Teil die **Chorionplatte** mit dem **Zottenbaum** und seinen sich verzweigenden **Chorionzotten** (**Plazentazotten**) mit kindlichen Blutgefäßen. Die Chorionzotten „hängen" in dem **intervillösen Raum**, in dem mütterliches Blut aus Ästen der A. uterina fließt. Der fetale Kreislauf ist vom mütterlichen Kreislauf durch folgende Komponenten der **Plazentaschranke** getrennt: fetale Endothelzellen – Basallamina – Zottenmesenchym – Basallamina – Zytotrophoblast und Synzytiotrophoblast. Im 4. Schwangerschaftsmonat werden die Zytotrophoblastzellen in die Schicht der Synzytiotrophoblastzellen einbezogen. Im letzten Schwangerschaftsmonat finden sich an den Zotten kernlose Platten. An Stellen ohne Synzytium liegt die fetale Kapillare unter der Basalmembran.

Die Plazenta zeigt strukturelle Unterschiede, vergleicht man die erste Schwangerschaftshälfte mit der zweiten Hälfte.

8.9 PLAZENTA, erste Schwangerschaftshälfte, HE
Kasten-Nr. 83, Abb. 8-9

Bei diesem Präparat handelt es sich um ein Operationspräparat, i.e. Uterus mit Plazenta.

Makroskopische Betrachtung
Makroskopisch liegt der mütterliche Teil der Plazenta (meist) in der Nähe zum Schildchen des Objektträgers und der fetale Teil befindet sich entgegengesetzt dazu. Der fetale Teil ist lockerer strukturiert, verglichen mit dem mütterlichen Teil.

Alle Vergrößerungen
Zunächst suche man beim **fetalen Teil** die **Chorionplatte** auf und diagnostiziere das **Amnionepithel**, das **choriale Mesenchym** und das **Chorionepithel**. Chorionzotten unterschiedlichen Durchmessers (Primär-, Sekundär-, Tertiärzotten) fallen im intervillösen Raum auf. Im Mesenchym der Zotten liegen fetale Kapillaren und mononukleäre Zellen mit einem dunkel gefärbten Zellrand (HOFBAUER-Zellen). Wird das Zottenepithel sorgfältig durchgemustert, sind Areale mit eindeutig zweischichtigem Epithel zu finden. Die **äußere Schicht** entspricht einem Synzytium (**Synzytiotrophoblast)** ohne Zellgrenzen und mit einer unregelmäßigen Kernverteilung. Die **innere Schicht** entspricht den **Zytotrophoblastzellen** mit deutlichen Zellgrenzen. Wenn eine Chorionzotte die Basalplatte berührt, handelt es sich um eine **Haftzotte**.

Fortsetzung des Textes: S. 168

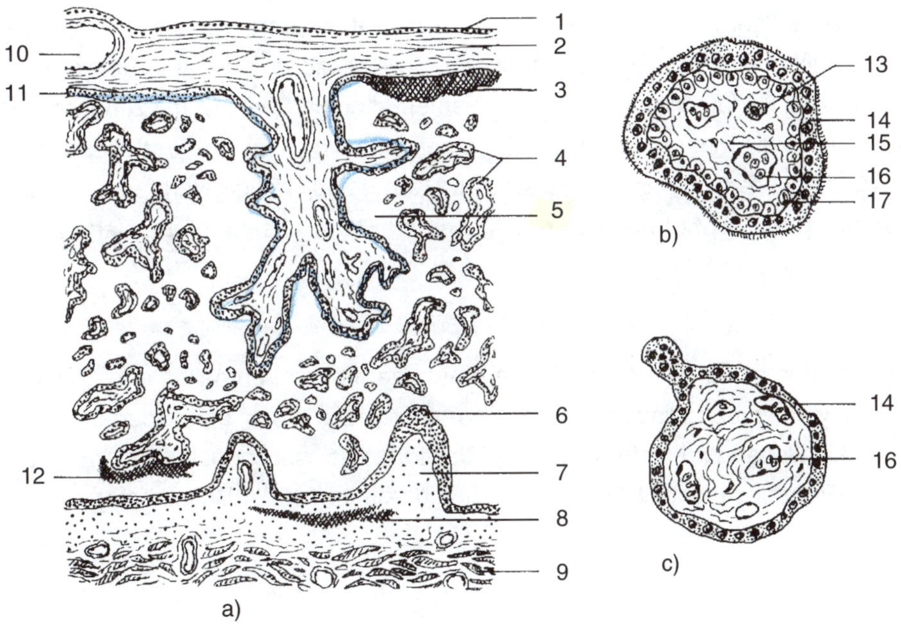

Abb. 8-9: Plazenta
a)+ c) 2. Schwangerschaftshälfte, mit Zotte quer in c)
b) 1. Schwangerschaftshälfte, Zotte, quer

1 Amnionepithel ....

2 Amnion- und Chorionmesenchym ....

3 LANGERHANS-Fibrinoid ....

4 Zotten ....

5 intervillöser Raum ....

6 Basalplatte mit Trophoblastzellen ....

7 Plazentasepte ....

8 NITABUCH-Fibrinoid ....

9 Myometrium ....

10 Umbilicalgefäß ....

11 Chorionepithel ....

12 ROHR-Fibrinoid ....

13 HOFBAUER-Zelle ....

14 Synzytiotrophoblast ....

15 Zottenstroma ....

16 fetale Kapillare ....

17 Zytotrophoblast ....

Der **mütterliche Teil** der Plazenta entspricht den **Plazentasepten** und der **Basalplatte** mit **Decidua-zellen**. Diese epithelähnlichen, glykogenreichen Zellen haben sich aus Stromazellen des Endometriums entwickelt. Gll. uterinae sind stellenweise erhalten und werden mit zunehmender Reifung der Plazenta zerstört. In die innere Schicht des Myometriums sind **Trophoblast-Riesenzellen** eingewandert. Sie besitzen mehrere, unregelmäßig geformte Kerne und kräftig gefärbtes Zytoplasma. Die Basalplatte ist von **basalen Trophoblastzellen**, die auch die Plazentasepten überziehen, bedeckt. Sie enthält weiterhin die uterinen Spiralarterien.

Hinweise

Nur die Plazenta des ersten Trimenons (erste drei Lunarmonate) enthält in den Zottenkapillaren kernhaltige Erythrozyten. Fibrinoidablagerungen, vermutlich Ausdruck eines degenerativen Prozesses, finden sich im kindlichen und mütterlichen Teil der Plazenta: subchoriales Fibrinoid (LANGERHANS-Fibrinoid), ROHR-Fibrinoid und NITABUCH-Fibrinoid (auf und in der Basalplatte).

PLAZENTA, zweite Schwangerschaftshälfte, HE
Kasten-Nr. 84, Abb. 8-9c

Das Abortmaterial besteht überwiegend aus dem fetalen Teil der Plazenta.

Makroskopische Betrachtung

Wird der Objektträger so gelegt, dass sein Schildchen zur rechten Seite des Beobachters schaut, ist der obere Bereich des Präparates der fetalen Plazenta und der unterste Bereich dem mütterlichen Anteil zuzuordnen. Zu ihm gehören Fibrinoidablagerungen, in denen oft nur die Schatten von Deziduazellen auffindbar sind.

Alle Vergrößerungen

Von der **Chorionplatte** sind das **Amnionepithel** und das **Chorionmesenchym** vorhanden. Das Chorionepithel ist weitgehend durch die Ablagerung des LANGERHANS-Fibrinoids verborgen. Die **intervillösen Räume** enthalten viele Erythrozyten. Die **Chorionzotten** stehen dichter, weil sie stärker verzweigt sind als in der ersten Schwangerschaftshälfte. Ihr faserreiches Stroma besitzt sinusoidale Kapillaren. Das **Zottenepithel** ist überwiegend **einschichtig**. Ihm haften knopfartig in den intervillösen Raum vorspringende **Trophoblast-Riesenzellen** an. Prominente Primärzotten erinnern an bindegewebige Stämme, von denen Sekundär- und Tertiärzotten abgehen. Die mütterliche Seite der Plazenta ist durch das NITABUCH-Fibrinoid mit pflanzenzellähnlichen Deciduazellen charakterisiert.

Notizen:

9 ENDOKRINES SYSTEM

Das endokrine System besteht aus endokrinen Zellen, die Hormone bilden. Sie werden in die Blut- oder Lymphbahn abgegeben und wirken über eine lange Distanz auf Zielorgane: z.B. gonadotrope Hormone der Hypophyse wirken auf Gonaden. Zum endokrinen System gehören:

- **endokrine Organe** (endokrine Drüsen): Hypophyse, Epiphyse, Glandula thyroidea, Glandula parathyroidea, Glandula suprarenalis.
- **endokrine Zellgruppen** in Organen: LANGERHANS-Inseln, LEYDIG-Zwischenzellen, Follikelepithel- und Lutealzellen des Ovars, Paraganglien. Endokrine Organe und endokrine Zellgruppen sind reich an Kapillaren mit fenestrierten Endothelzellen.
- **endokrine Einzelzellen** in Organen des Gastrointestinaltraktes, des Atmungstraktes, im rechten Herzvorhof, in der Niere und der Plazenta. Die endokrinen Einzelzellen bilden zusammen das **d**iffuse **n**euro**e**ndokrine **S**ystem (**DNES**). Viele, aber nicht alle endokrinen Einzelzellen nehmen Vorstufen biogener Amine auf und decarboxylieren das Amin, woher die Bezeichnung APUD (**A**mino **P**recursor **U**ptake and **D**ecarboxylation)-System abgeleitet wird. **APUD-**Zellen färben sich mit Silbersalzen und werden **argentaffine** oder **argyrophile** Zellen genannt.
- **neuroendokrine Zellen** sind spezialisierte Neurone. Sie synthetisieren Hormone und besitzen synaptische Kontakte. Bei Depolarisierung werden die Hormone über das Axonterminal in die Blutbahn abgegeben. Das klassische Beispiel sind die neuroendokrinen Zellgruppen im Hypothalamus.

Endokrine Zellen bilden Hormone als Botenstoffe. Biochemisch gehören sie zu Aminosäurederivaten (Adrenalin, Noradrenalin, Thyroxin), Proteinen (Insulin, Parathormon), Peptiden, (Glukagon) oder Steroiden (Kortisol, Progesteron, Östrogen, Androgen). Die Botenstoffe stehen im Dienst der interzellulären Kommunikation. Bei der **endokrinen Kommunikation** wird das Hormon von endokrinen Zellen in die Blutbahn sezerniert und breitet sich im Körper aus. Bei der **auto- und parakrinen Kommunikation** bleibt der Botenstoff vor Ort, da er innerhalb von Minuten abgebaut wird. Der Botenstoff wirkt auf die Zelle selbst (autokrine Sekretion) oder auf benachbarte Zellen (parakrine Sekretion). Zellen des DNES (s. oben), die parakrin sezernieren, werden **parakrine Zellen** genannt.

Jedes Hormon bindet an einen spezifischen Empfänger (**Rezeptor**) der Zielzelle. Nach dessen Aktivierung kommt es zur Stimulation intrazellulärer Signalwege, die z.B. den Second-Messenger cAMP erhöhen. Die intrazelluläre Signalkaskade führt zur Synthese und Sekretion des Hormons. Die Hormonsynthese und Sekretion wird folglich durch positiv- und negativ-rückkoppelnde Mechanismen (Feedback-Mechanismen) gesteuert, die unterschiedlicher Natur sind.

- Wenn das **Hypothalamus-Hypophysensystem beteiligt** ist, beeinflussen seine glandotropen Hormone die Zielorgane, Hormone zu synthetisieren und zu sezernieren. Abhängig von einer niedrigen oder hohen Hormonkonzentration im Blut, wird das Hypothalamus-Hypophysensystem stimuliert, mehr (positiv rückkoppelnd) oder weniger (negativ rückkoppelnd) glandotrope Hormone an die Zielorgane abzugeben. Beispiele: Glandula thyroidea, Nebennierenrinde, Gonaden.
- Serumwerte beeinflussen ihrerseits die Aktivität endokriner Zellen **ohne Beteiligung des Hypothalamus-Hypophysensystems**, z.B. wirkt der Blutzucker auf die Sekretion von Insulin durch das Inselorgan, Kalzium beeinflusst die Tätigkeit der Glandula parathyroidea, Natriummangel bedingt die Sekretion von Aldosteron aus der Nebenierenrinde und Flüssigkeitsmangel die Sekretion von Vasopressin im Hypophysenhinterlappen.
- Das Hypothalamus-Hypophysensystem ist als übergeordnete Instanz im Regelkreislauf zu verstehen. Der **Hypothalamus** als basaler Anteil des Zwischenhirns ist mit der **Hypophyse** über das Infundibulum (Hypophysenstiel) verbunden. In ihm ziehen Axone von neuroendokrinen Zellen der Nuclei paraventricularis et supraopticus zum Hypophysen**hinterlappen**. Die Axone transportieren Vasopressin und Oxytocin als **Effektorhormone**. Eine andere Gruppe neuroendokriner Zellen des Hypothalamus (Nucl. infundibularis) sendet seine Axone zu dem Kapillargeflecht in der Basis des Infundibulums (Eminentia medialis). Die Axone geben Steuerungshormone (**releasing-** and **inhibiting-hormones**) in die Portalgefäße des Hypophysenvorderlappens ab. Die Steuerungshormone erreichen im **Vorderlappen** ihre Zielzellen.

Hydrophile Hormone (z. B. Insulin, Glukagon, Adrenalin) und deren Vorläufer werden von endokrinen Zellen in Granula intrazellulär gespeichert. Hydrophile Hormone wirken über Rezeptoren der Plasmamembran. Im Fall der Schilddrüse wird das inaktive Hormon extrazellulär als Kolloid gespeichert. Steroid-Hormone sind **hydrophobe Hormone**, die nach Synthese sofort in die Blutbahn abgegeben, über Trägerproteine transportiert werden und an intrazelluläre Rezeptoren binden.

9.1 GLANDULA THYROIDEA (SCHILDDRÜSE), HE
Kasten-Nr.: 85, Abb. 9-1

Die Baueinheit eines Läppchens bilden **Follikel** (Durchmesser 0,1 bis 0,9 mm), die aus Follikelepithelzellen und Kolloid bestehen. Die Epithelzellen sind auf der Basalmembran verankert. Interfollikulär ist ein dichtes Kapillarnetz anzutreffen. Follikelepithelzellen synthetisieren **Thyreoglobulin**, sezernieren es in das Follikellumen und speichern es dort in jodierter Form als Kolloid. Deshalb wird die Schilddrüse auch Speicherdrüse genannt. Wenn Follikelepithelzellen durch das Hypophysenhormon **TSH** (Thyroidea-stimulierendes Hormon) aktiviert werden, kommt es vor der Hormonausschüttung ins Blut zur Endozytose von Kolloid. Das morphologische Korrelat sind lichtmikroskopisch sichtbare Resorptionsvakuolen (Randvakuolen). Aus dem resorbierten Thyreoglobulin werden in Lysosomen die Hormone T3 (Trijodthyronin) und T4 (Tetrajodthyronin) gebildet. Sie gelangen in das Zytoplasma, passieren die basale Zellmembran und erreichen interfollikulär gelegene Kapillaren.

Follikel unterscheiden sich durch unterschiedliche Funktionsphasen. Die **Synthese- und Resorptionsphase** ist durch ein kubisches bis hochprismatisches Follikelepithel charakterisiert. Während der **Speicherphase** flacht das Follikelepithel zu einem einschichtigen Plattenepithel ab. Eine Funktionsphase kann in einer Schilddrüse überwiegen. Zwischen Follikeln und innerhalb des Follikelepithels liegen Kalzitonin-produzierende Zellen (**C-Zellen**). Die **interfollikulären C-Zellen** werden auch **parafollikuläre** Zellen genannt. Sie bilden Kalzitonin, welches Kalzium und Phosphat im Knochen einbaut und die Kalziumionenkonzentration im Blut senkt.

Übersichtsvergrößerung
Die Schilddrüse zeigt eine Bindegewebskapsel, von der gefäß- und nervenführende Septen abgehen. Zarte Septen sind deutlich zu erkennen, die Läppchen (Lobuli) abtrennen. Dort liegen unterschiedlich große Follikel mit Kolloid.

Mittlere und starke Vergrößerung
Follikel unterschiedlicher Funktionsphasen sind aufzusuchen. Follikel in der Speicherphase überwiegen. Sie sind von einschichtigem Plattenepithel ausgekleidet. Das Kolloid liegt der apikalen Epithelseite an. Bedingt durch die Fixation des Gewebes, kann ein artefizieller Spalt zu sehen sein. Follikel in der Synthese- und Resorptionsphase sind selten. Bei ihnen ist das Epithel kubisch bis hochprismatisch. Das Kolloid ist schwächer eosinophil als bei der Speicherphase gefärbt. Randvakuolen als Zeichen der Resorption von Kolloid sind zu sehen.

Einzelne C-Zellen liegen zwischen den Follikelepithelzellen oder sind in kleinen Gruppen als parafollikuläre Zellen anzutreffen. Sie sind größer als die Follikelepithelzellen und haben ein helles Zytoplasma.

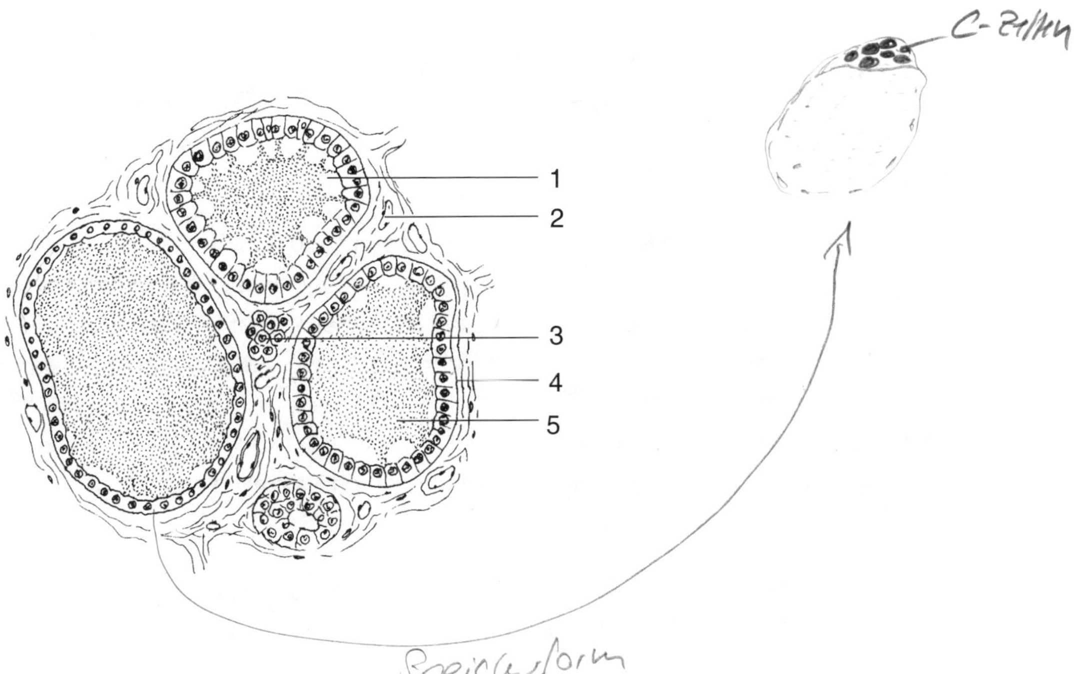

Abb. 9-1: Glandula thyroidea

1	Resorptionsvakuole	....
2	Kapillare	....
3	Interfollikuläre C-Zellen	....
4	Follikelepithel	....
5	Kolloid	....

9.2 GLANDULA PARATHYROIDEA (NEBENSCHILDDRÜSE, EPITHELKÖRPERCHEN), HE
Kasten-Nr.: 86, Abb. 9-2

Vier linsengroße Gebilde (Epithelkörperchen) liegen in der bindegewebigen Kapsel an der Dorsalseite der Schilddrüse. Sie entsprechen der Glandula parathyroidea. Die Epithelkörperchen produzieren das **Parathormon**, das im Knochen Kalzium und Phosphat abbaut und dadurch den Blutspiegel für Kalzium und Phosphat erhöht. Das Parathormon fördert die Kalziumrückresorption im Darm und in der Niere. Ein Epithelkörperchen besteht aus Epithelhaufen und -strängen, die durch Kapillarschlingen getrennt sind. Epithelhaufen und kleine kolloidhaltige Follikel sind in retikulärem Bindegwebe eingebettet. Mit zunehmendem Lebensalter werden die Epithelzellen durch Fettzellen ersetzt.

Alle Vergrößerungen
Das Epithelkörperchen wird von einer feinen Bindegewebskapsel begrenzt, von der zarte Bindegewebssepten abgehen und das locker strukturierte epithelähnliche Parenchym durchsetzen. Zahlreiche Kapillaranschnitte und Fettzellen sind erkennbar.

Im Parenchym lassen sich drei Zelltypen unterscheiden: dunkle und helle Hauptzellen sowie oxyphile Zellen. Die **dunklen Hauptzellen** mit einem bläschenförmigen Kern sind polygonal gestaltet und enthalten basophile Granula mit Parathormon, viele Zellorganellen und wenig Glykogen. Die dunklen Hauptzellen sind sekretorisch aktive Zellen. **Helle Hauptzellen** mit wenig Zellorganellen sind glykogenreich. Da Glykogen bei der Einbettung herausgelöst wird, sind helle Zellen durch eine große Anzahl winziger Vakuolen gekennzeichnet. Helle Hauptzellen sollen inaktive Zellen sein. Etwa 3 % der Epithelzellen entsprechen **oxyphilen Zellen**, die sich wegen des Reichtums an Mitochondrien kräftig mit Eosin anfärben. Oxyphile Zellen, die größer als Hauptzellen sind, treten als Einzelzellen oder in kleinen Zellgruppen auf. Die Funktion oxyphiler Zellen ist nicht bekannt.

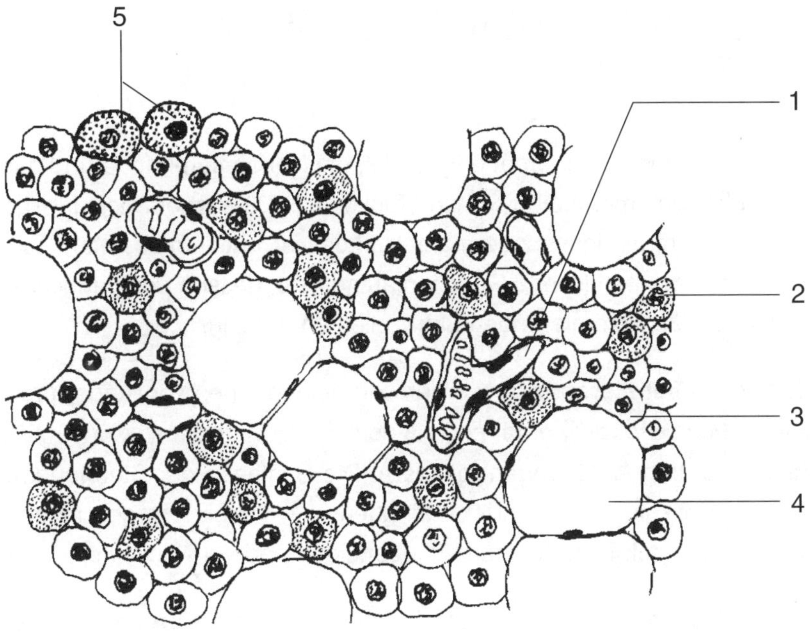

Abb. 9-2: Glandula parathyroidea

1 Kapillare ....

2 dunkle Hauptzelle ....

3 helle Hauptzelle ....

4 Fettzelle ....

5 Oxyphile Zellen ....

9.3 GLANDULA SUPRARENALIS (NEBENNIERE), HE
Kasten-Nr.: 87, Abb. 9-3

In der Nebenniere sind zwei endokrine Organe vereinigt, die Nebennierenrinde und das Nebennierenmark. Beide unterscheiden sich morphologisch und funktionell. Dies ist entwicklungsgeschichtlich bedingt. Während die Nebennierenrinde mesodermaler Herkunft ist, entsteht das Mark aus der Neuralleiste. Es wird als modifiziertes sympathisches Ganglion aufgefasst, dessen postganglionäre Neurone die Fortsätze verlieren und sich zu sezernierenden Markzellen entwickeln.

In endokrinen Zellen der **Nebennierenrinde** werden Steroidhormone (Kortikoide) produziert, die sich nach ihrer Wirkung in **Mineralokortikoide** (z.B. Aldosteron), **Glukokortikoide** (z.B. Kortisol) und **Geschlechtshormone** (Androgen, Östrogen) gliedern. Die Synthese der Steroidhormone ist an das glatte endoplasmatische Retikulum und an Mitochondrien vom Tubulustyp gebunden, weshalb diese Organellen reichlich in den endokrinen Zellen der Nebennierenrinde entwickelt sind.

Die endokrinen Zellen des **Nebennierenmarkes** synthetisieren die **Katecholamine** Adrenalin und Noradrenalin. Die Hormone und ihre Vorstufen werden in Granula gespeichert. Die **chromaffinen Zellen** des Nebennierenmarks sind funktionell keine einheitliche Population. Der kleinere Anteil bildet Noradrenalin, der größere Anteil Adrenalin. Die Sekretgranula der Katecholamine werden mit oxydierenden Chromsalzen braun dargestellt. Daher kommt der Name „chromaffine Zellen". Da Sekretgranula zusätzlich biogene Amine als Vorläufersubstanzen der Katecholamine enthalten, färben sich Granula auch mit Silbersalzen, das Charakteristikum für argyrophile Zellen des APUD-Systems. Sekretorische Zellen des Nebennierenmarks sind somit chromaffin **und** argyrophil. Sekretorische Granula enthalten **Chromogranine** als Bindungsproteine der Katecholamine.

Makroskopische Betrachtung und Übersichtsvergrößerung
Eine dünne Bindegewebskapsel mit anhaftendem univakuolärem Fettgewebe als Reste der renalen Capsula adiposa umgeben das Organ, das eine auffällige Schichtung zeigt. Die Rinde ist stärker eosinophil als das Mark, das Mark mehr basophil als die Rinde. Innerhalb der Rinde entspricht die mittlere helle Zone der Zona fasciculata.

Mittlere und starke Vergrößerung
In der **Rinde** sind drei, nicht scharf begrenzte Schichten von Epithelzellen zu unterscheiden. Die Schichten sind gut vaskularisiert und in retikulärem Bindegewebe eingebettet. Die Epithelzellen enthalten Lipidtropfen, die Cholesterol als Substrat für die Synthese der Steroidhormone speichern. Die Lipidtropfen werden bei der histologischen Präparation herausgelöst. Vakuolen erinnern an die herausgelösten Lipidtropfen.

- Die **Zona glomerulosa** entspricht der äußeren Schicht, die unmittelbar unter der Organkapsel liegt. Die schmale Schicht besteht aus rundlich geformten Epithelzellnestern und -strängen. Die prismatischen Epithelzellen sind klein, besitzen einen runden chromatindichten Kern mit einem deutlichen Nukleolus als Zeichen einer regen Aktivität. Basophile Granula gehören zum rauhen endoplasmatischen Retikulum. In der Zona glomerulosa werden Mineralokortikoide synthetisiert.

Fortsetzung des Textes: S. 178

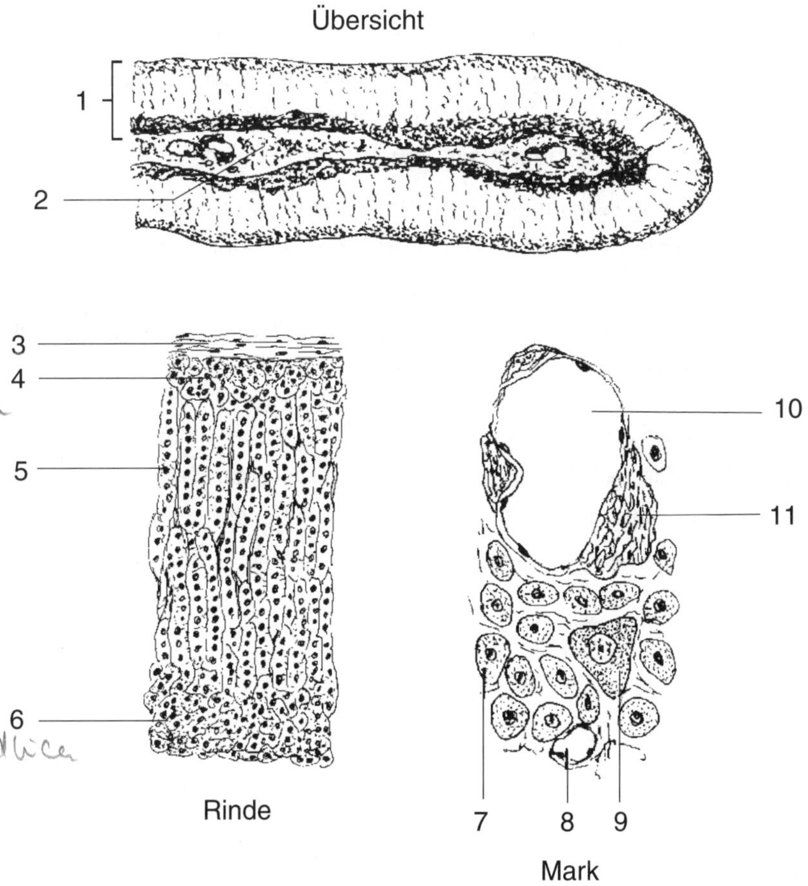

Abb. 9-3: Glandula suprarenalis

1 Rinde ....

2 Mark ....

3 Bindegewebskapsel ....

4 Zona glomerulosa ....

5 Zona fasciculata ....

6 Zona reticularis ....

7 Markzelle (chromaffine Zellen) ....

8 Kapillare ....

9 sympathische Ganglienzelle ....

10 Drosselvene ....

11 Tunica media der Drosselvene ....

- Die **Zona fasciculata** ist als mittlere Schicht die breiteste Rindenschicht. Zellen verlaufen in gestreckten, ein- bis zwei Zellen breiten Strängen senkrecht zur Oberfläche. Die Zellen sind zytoplasmareich und hell („blasig"), bedingt durch zahlreiche Vakuolen. Sie enthalten Lipidtropfen, die in der Zona fasciculata deutlich mehr als in den anderen Schichten gespeichert sind.
- Die **Zona reticularis** grenzt als innere Schicht an das Nebennierenmark. Die Zellen bilden einen lockeren netzartigen Verband miteinander anastomosierender Stränge. Die Zellen besitzen ein stark azidophiles Zytoplasma, zeigen wenige Fettvakuolen, doch wiederholt Lipofuszin-Granula. Pyknotische Zellen haben einen fragmentierten Kern als Zeichen des Zelluntergangs. Die Zona reticularis synthetisiert und sezerniert Androgen.

Das **Mark** enthält **chromaffine** Zellen, die in großer Anzahl vorkommen und in epitheloiden Nestern und Strängen angeordnet sind. Ein weiterer und seltener anzutreffender Zelltyp sind multipolare sympathische **Ganglienzellen**. Das Mark ist wie die Nebennierenrinde stark vaskularisiert und enthält weitlumige, wandstarke Drosselvenen, die unter einem adrenergen Stimulus dilatieren und eine gesteigerte Durchblutung ermöglichen.

Notizen:

9.4 INSELORGAN des PANKREAS, immunhistochemischer NACHWEIS für GLUKAGON, HÄMALAUN Kasten-Nr.: 88, Abb. 9-4

Das Pankreas ist eine Drüse mit exokriner und endokriner Sekretion. Der exokrin-sezernierende Anteil besteht aus serösen Azini und Ausführungsgängen (s. Histologie-Skript). Zur Wiederholung ist das HE-gefärbte Pankreas-Präparat (Kasten-Nr. 10) zu mikroskopieren. Im folgenden wird der endokrin-sezernierende Anteil des Pankreas behandelt, die LANGERHANS-Inseln, auch Inselorgan genannt.

LANGERHANS-Inseln entsprechen endokrinen Zellgruppen zwischen den Drüsenzellen des exokrinen Pankreas. Beim Menschen nehmen 1 bis 2 Millionen Inseln etwa 1,5 % des Organvolumens ein. Die Inseln bestehen aus epitheloiden Zellen, die sich zu netzartig verbundenen Strängen ordnen und von fenestrierten Kapillaren umgeben sind. Wie alle endokrinen Organe haben Inseln keine Ausführungsgänge. Die Zellen einer LANGERHANS-Insel sind funktionell heterogen. Sie produzieren und sezernieren entweder Insulin, Glukagon, Somatostatin, Pankreastatin oder pankreatisches Polypeptid. **Insulin** senkt den Blutzuckerspiegel und fördert die Glykogenbildung in der Leber und der Muskulatur. **Glukagon** ist der Gegenspieler zu Insulin und erhöht den Blutzuckerspiegel durch gesteigerte Glykogenolyse. **Pankreastatin** und **Somatostatin** hemmen die Glukagon- und Insulinsekretion. **Pankreatisches Polypeptid** hemmt die Sekretion im exokrinen Pancreas. In einer LANGERHANS-Insel werden verschiedene Zelltypen unterschieden, abhängig vom produzierten Hormon.

- B-Zellen repräsentieren 80 % der Inselzellen und sezernieren Insulin
- A-Zellen umfassen 10 - 20 % der Inselzellen und sezernieren Glukagon und Pankreastatin
- D-Zellen entsprechen 5 % der Inselzellen und sezernieren Somatostatin
- Zellen, die pankreatisches Polypeptid abgeben, kommen in geringer Anzahl (1 - 2 %) vor. Man findet sie auch im exokrinen Pankreas.

Alle Vergrößerungen
Von der dünnen Bindegewebskapsel des Organs ziehen gefäßführende Septen in das Innere und unterteilen das Pankreas in Läppchen. In diesen finden sich inmitten des stark basophilen (Kernfärbung durch Hämalaun) exokrinen Anteils blasse, rundliche Inseln mit braun-gefärbten Zellen. Es handelt sich um A-Zellen, die Glukagon bilden, das immunhistochemisch dargestellt ist. Die Glukagon-positiven Zellen liegen in der Peripherie der Inseln und enthalten braun-gefärbte Glukagon-Granula. Damit unterscheiden sie sich von den Glukagon-negativen Inselzellen.

Achtung!
In dem Präparat befinden sich auch im exokrinen Anteil einzelne Glukagon-positve Zellen.

bräunlich

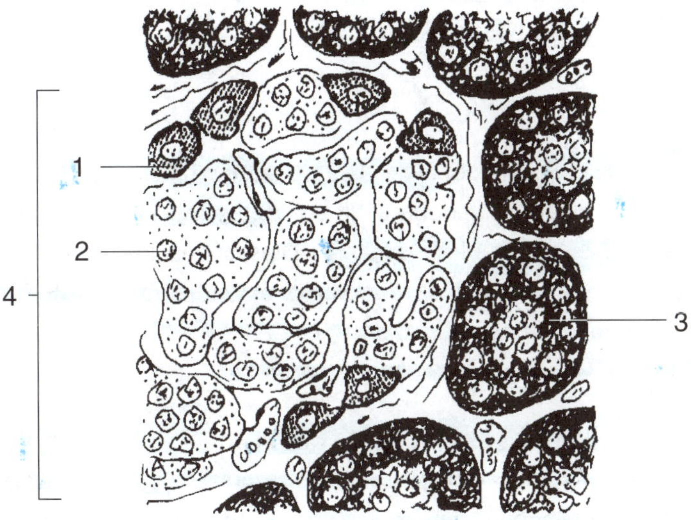

Abb. 9-4: LANGERHANS-Insel des Pankreas

1 A-Zelle mit braungefärbten Glukagon-Granula ....

2 Andere endokrine Zellen (z. B.: B, D, PP) hellblau

3 Azinus (exokriner Anteil) ....

4 Insel mit verschiedenen endokrinen Zelltypen ....

A-Zellen - Glucagon (braun), Pankreastatin
B-Zellen - Insulin
D-Zellen - Somatostatin
PP-Zellen - pankreatisches Polypeptid

9.5 HYPOPHYSE (GLANDULA PITUITARIA, HIRNANHANGSDRÜSE), KRESAZAN

Kasten-Nr.: 89, Abb. 9-5

Der Vorderlappen (**Adenohypophyse**) und der Hinterlappen (**Neurohypophyse**) der Hypophyse sind von einer gemeinsamen Kapsel umgeben. Jedoch stellt der Vorderlappen ein selbstständiges Organ dar, während der Hinterlappen dem Zwischenhirn angehört. Dies ist entwicklungsgeschichtlich bedingt. Der Vorderlappen entsteht aus einer Aussackung des Mundhöhlendachs (RATHKE-Tasche, ektodermale Herkunft), die sich eng an den sich ausstülpenden Teil des Zwischenhirnbodens anlegt. Aus ihm entsteht die Neurohypophyse, die vom Neuroektoderm abstammt.

Die **Adenohypophyse** wird in die Pars distalis, Pars intermedia und Pars tuberalis unterteilt. Die **Pars distalis** als größter Anteil enthält in Strängen angeordnete endokrine Zellen, die von einem sinusoidalen Kapillargeflecht und retikulärem Bindegewebe umgeben sind. Die endokrinen Zellen bestehen zu je etwa 50 % aus **chromophilen Zellen** sowie aus **chromophoben Zellen**. Die Granula der chromophilen Zellen färben sich entweder mit sauren Farbstoffen bei den **azidophilen Zellen** oder mit basischen Farbstoffen bei den **basophilen Zellen**. Zusätzlich zur Unterteilung nach der Farbreaktion werden die chromophilen Zellen funktionell nach dem Hormon unterteilt, das sie bilden. Somato- und mammotrope Zellen produzieren **Somatotropin** oder **Prolaktin**, beide gehören zur azidophilen Zellgruppe. Gonado- und thyreotrope sowie kortikotrope Zellen bilden **Gonadotropine**, **Thyreotropin** oder **ACTH**. Sie gehören zu der basophilen Zellgruppe.

Chromophobe Zellen sind degranulierte Zellen, weswegen sich die Zellen nicht anfärben. Chromophobe Zellen können vermutlich zu chromophilen Zellen regenerieren. **Follikuläre Sternzellen** haben lange Fortsätze und sind zur Phagozytose befähigt. Sternzellen werden heute zu immigrierten Makrophagen gerechnet und gehören zum mononukleären phagozytischen System (**MPS**).

Die **Pars intermedia** liegt als kleiner Anteil zwischen der Pars distalis der Adenohypophyse und der Neurohypophyse. Kleine kolloidhaltige Follikel sind Reste der RATHKE-Tasche. Die schwach basophilen Zellen produzieren **Melanotropin**. Die **Pars tuberalis** umgreift das Infundibulum und enthält die Kapillarkonvolute des hypophysären Pfortadersystems.

Die **Neurohypophyse** wird in die **Pars nervosa** und das **Infundibulum** unterteilt. Die Neurohypophyse besteht aus Axonen neuroendokriner Zellen des **Hypothalamus**. Die Axonterminale speichern in ihren Granula die Hormone **Oxytozin** oder **Vasopressin** und liegen lichtmikroskopisch als HERRING-Körperchen vor. Die Gliazellen der Neurohypophyse werden **Pituizyten** genannt.

Makroskopische Betrachtung und Übersichtsvergrößerung

Mit bloßem Auge ist an der bohnenförmigen Struktur die dunkel gefärbte **Adenohypophyse** von der hellen **Neurohypophyse** zu unterscheiden. Die Bindegewebskapsel und ihre Septen sind kräftig blau gefärbt. An der Grenze zwischen der dunklen Pars distalis der Adenohypophyse und der hellen Neurohypophyse sind die Follikelzysten der Pars intermedia als Reste der RATHKE-Tasche anzutreffen. In den meisten Präparaten fehlt der Hypophysenstiel (Infundibulum), umgeben von der Pars tuberalis. Wenn er vorhanden ist, ist der Reichtum an Kapillaren auffällig.

Fortsetzung des Textes: S. 184

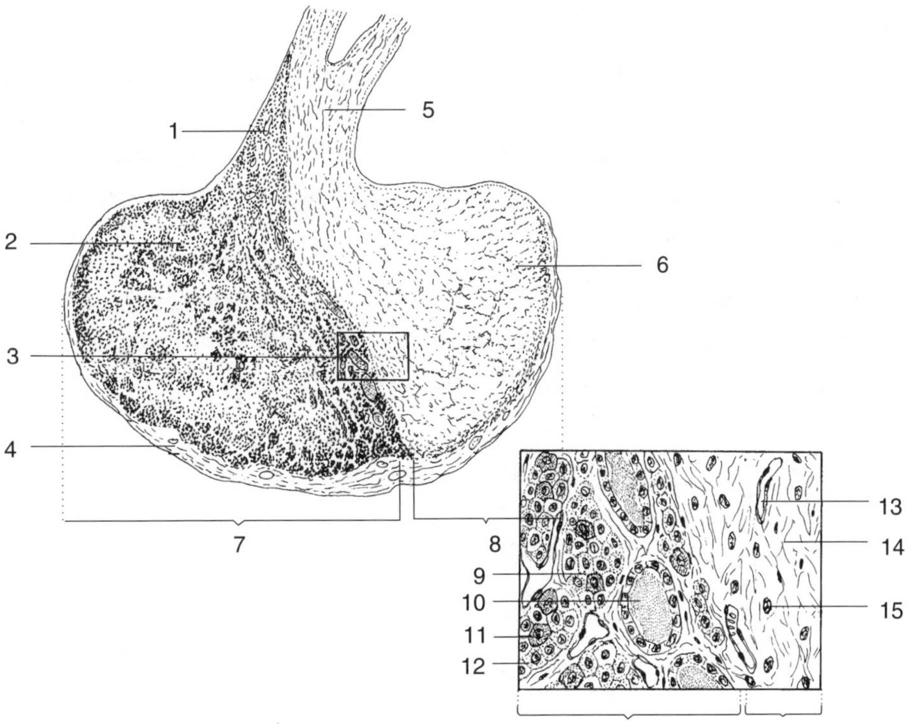

Abb. 9-5: Hypophyse

1–3	Adenohypophyse	....
1	Pars tuberalis	....
2	Pars distalis	....
3	Pars intermedia	....
4	Bindegewebskapsel	....
5–6	Neurohypophyse	....
5	Infundibulum	....
6	Pars nervosa	....
7	Adenohypophyse	....
8	Neurohypophyse	....
9	chromophobe Zelle	....
10	RATHKE-Zyste	....
11	basophile Zelle	....
12	azidophile Zelle	....
13	Kapillare	....
14	marklose Nervenfaser	....
15	Pituizyt	....

Mittlere und starke Vergrößerung
Die azidophile Zellgruppe der **Pars distalis** entspricht Zellen von rotbrauner Farbe und ist in der Mitte vor der Pars intermedia anzutreffen. Die basophile Zellgruppe korreliert mit Zellen von blaubrauner Farbe. Die Zellen konzentrieren sich im anterioren Bereich. Chromophobe Zellen sind kaum gefärbt und als kleine Zellgruppen bei sorgfältigem Durchmustern des Präparates zu finden. Beachte die zahlreichen, mit Erythrozyten gefüllten Kapillaren.

In der **Pars nervosa** der Neurohypophyse verlaufen viele nicht myelinisierte Nervenfasern in unterschiedlichen Richtungen. Zwischen ihnen fallen amorphe, blass eosinophile, kugelige Gebilde als axonale Auftreibungen (HERRING-Körperchen) auf. Ebenso sind Zellkerne der **Pituizyten** zu sehen.

Notizen: Mehrschichtiges verhorntes Plattenepithel

Fingerbeere = Leistenhaut

EPIDERMIS

Haut – Cutis – Epidermis
Haut – Cutis – Dermis
Haut – Subcutis

Stratum basale } Stratum germinativum
Stratum spinosum } Stratum germinativum

Stratum granulosum

Stratum lucidum → keine Zellgrenzen ⇝ Glanzschicht
Stratum corneum → keine Zellkerne (= verhornt

CORIUM (Dermis)

Stratum papillare

Schweißdrüsenausführungsgänge
Blutgefäße (Anschnitte)

SUBCUTIS

Schweißdrüsen (merokrin) → Übergang Subcutis
Fettgewebe, Myoepithelzellen

9.6 EPIPHYSIS CEREBRI (CORPUS PINEALE, ZIRBELDRÜSE), HE
Kasten-Nr.: 90, Abb. 9-6

Die konusförmige Epiphyse von 5 - 8 mm Länge steht mit dem hinteren Ende des 3. Ventrikels durch Faserzüge in Verbindung. Die Epiphyse produziert **Melatonin**. Dieses hemmt die Aktivität neuroendokriner Zellen des Hypothalamus, die das Steuerungshormon GnRH (**G**onadotropin **R**eleasing **H**ormon) für den Hypophysenvorderlappen produzieren. Da GnRH die Gonatotropine FSH (**F**ollikel-**s**timulierendes **H**ormon) und LH (**l**uteinisierendes **H**ormon) freisetzt, wirkt Melatonin antigonadotrop. Die Sekretion von Melatonin ist bei Dunkelheit höher als am Tag.

Die Zirbeldrüse wird von der gefäß- und nervenfaserreichen Pia mater bedeckt, die zarte Septen zwischen das Parenchym schickt. Mit den Septen gelangen adrenerge Nervenfasern in das Parenchym und in synaptischen Kontakt mit den **Pinealozyten**, die bei Aktivierung Melatonin ausschütten. Die Gliazellen der Zirbeldrüse werden **Interstitialzellen** genannt, die den Astrozyten ähneln. Mit zunehmendem Alter vermehrt sich das Bindegewebe. In Arealen ehemaligen Parenchyms bilden sich Kalkniederschläge (**Hirnsand, Acervulus cerebri**).

Makroskopische Betrachtung und Übersichtsvergrößerung
Die Epiphyse ist mit einem „Stiel“ aus Hirngewebe verbunden. Es gehört zu den Zügeln (Habenulae) der Epiphyse. Die Pia mater ist stellenweise vorhanden. Die Septen führen Kapillaren und bilden unregelmäßige Läppchen mit Pinealozyten. Blau gefärbte, amorphe Strukturen entsprechen Kalkniederschlägen, dem sog. Hirnsand.

Mittlere und starke Vergrößerung
Die Pinealozyten haben einen bläschenförmigen Kern mit einem deutlichen Nukleolus. Interstitialzellen besitzen längliche, chromatindichte Kerne. Die Unterscheidung beider Zelltypen ist im HE-Präparat schwierig.

Hinweis
Die Differentialdiagnose zum Epithelkörperchen ist durchzuführen. Bei diesem sind die Parenchymzellen unterschiedlich angefärbt (helle und dunkle Hauptzellen, oxyphile Zellen). Das Epithelkörperchen wird von Fettgewebszellen durchsetzt und geht nicht – wie bei der Epiphyse – in Hirngewebe über. Nur die Epiphyse zeigt Verkalkungsherde (Hirnsand).

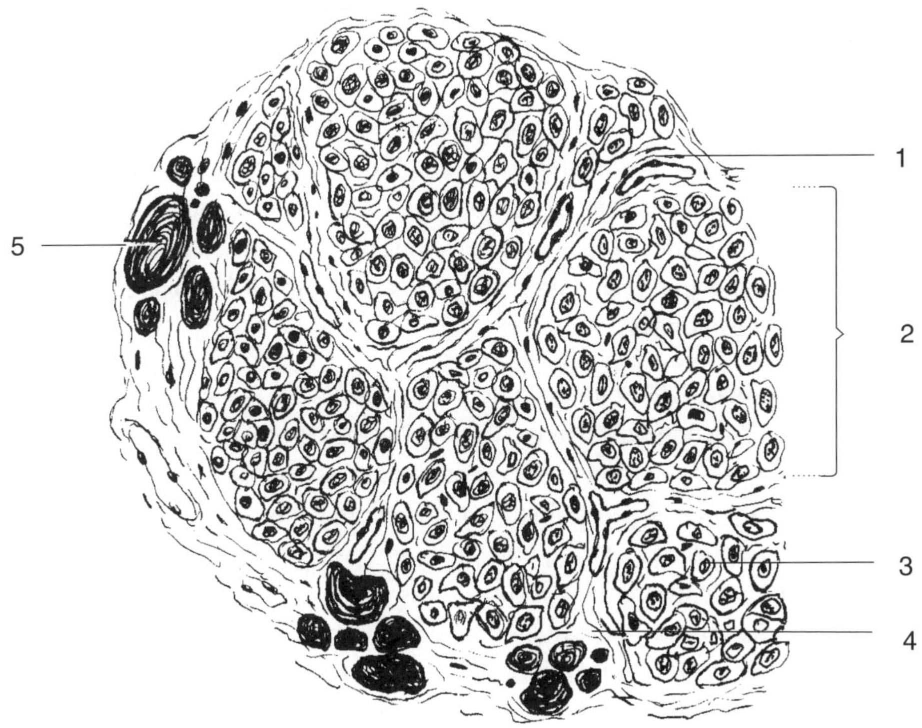

Abb. 9-6: Epiphysis cerebri

1 Septum mit Kapillare ....

2 Läppchen ....

3 Pinealozyt ....

4 Pia mater ....

5 Acervulus cerebri ....

10 ZENTRALNERVENSYSTEM UND SINNESORGANE

Zum Zentralnervensystem (**ZNS**) gehören das Rückenmark (**Medulla spinalis**) und das Gehirn (**Cerebrum**). Im nativen, ungefärbten Rückenmark und im Gehirn stellen sich die Ansammlungen von Nervenzellen grau und die Bereiche der Nervenfasern weiß dar. Die Regionen werden **graue** und **weiße Substanz** genannt. Während das ZNS im Dienst der sensomotorischen Integration und Koordination steht, dient das periphere Nervensystem überwiegend der Signalweiterleitung. Afferente Nervenfasern bringen Signale aus der Körperperipherie und den Sinnesorganen zum ZNS, welches über efferente Nervenfasern die Erfolgsorgane informiert.

Die **Afferenzen** vermitteln dem ZNS Schmerz- und Temperaturreize. Sie leiten ebenso die Impulse der klassischen sechs Sinne (Gleichgewicht, Hören, Sehen, Tasten, Riechen und Schmecken). Der Begriff „Sinn“ beschreibt die Fähigkeit einer Struktur, eine spezifische Reizqualität zu registrieren, zu bewerten und gegebenenfalls zu reagieren. Reize werden mit Rezeptorstrukturen erfasst, wie z.B. den Tastkörperchen in der Haut. Die veraltete Einteilung unterscheidet zwischen einfachen (z.B. Tastkörperchen) und komplexen (z.B. Auge) Sinnesorganen. Heute unterscheidet man Sinnesmodalitäten und gibt den Reiz an, auf den die spezifische Rezeptorstruktur reagiert. Beim Licht- und Farbsinn (Gesichtssinn) erregen Farben und Lichtintensitäten die Rezeptorzellen der Netzhaut (s. Tab. 10.1).

Die **Efferenzen** des ZNS steuern die Skelettmuskulatur, regeln und koordinieren die Leistungen der inneren Organe für die wechselnden Anforderungen im Inneren und Äußeren des Körpers. Man unterscheidet sowohl im ZNS als auch im peripheren Nervensystem (PNS) ein animales (somatisches) Nervensystem und ein vegetatives (viscerales oder autonomes) Nervensystem.

10.1 RÜCKENMARK, zervikal und thorakal, Mensch, LUXOLFASTBLUE-KRESYLVIOLETT Kasten-Nr. 91, Abb. 10-1

Der histologische Aufbau des Rückenmarkquerschnitts ist beim Kapitel „Nervengewebe“ besprochen worden (s. Skript Histologie). Jetzt werden Unterschiede zwischen dem zervikalen und thorakalen Rückenmark vorgestellt.

Die weiße Substanz nimmt von kaudal nach kranial zu, weil (1) sich die Anzahl afferenter Fasern aus der Peripherie von den lumbalen zu den zervikalen Segmenten erhöht. (2) Die motorischen, efferenten Bahnen nehmen von zervikal nach kaudal ab. Deswegen hat das Lendenmark weniger weiße Substanz (Bahnen) als das Halsmark. Anders verhält es sich mit der grauen Substanz. Ihre Fläche wird von der Anzahl an Motoneuronen bestimmt, die für die Versorgung der Skelettmuskulatur nötig sind. Verglichen mit dem Thorakalmark, zeigen die unteren Zervikalsegmente (C3-TH1), die unteren Lumbal- und oberen Sakralsegmente (L1-S3) mehr graue Substanz, weil in diesen Segmenten die Äste der Nervenplexus für die obere und untere Extremität beginnen.

Tabelle 10.1: Sinne des Menschen

Sinnesmodalität	Empfindungsqualität	Reizqualitäten
Gesichtssinn	Helligkeit, Farben	elektromagnetische Strahlung (400-700 nm)
Temperatursinn	Wärme, Kälte	Elektromagnetische Strahlung (700-900nm)
Mechanischer Sinn der Haut	Berührung, Druck Vibration	Zerrung, Dehnung Luftdruckänderungen
Schmerzsinn	Schmerz	Einwirkungen auf Gewebe (Trauma, Deformierung, Kompression)
Gehörsinn	Tonhöhen	Schallwellen
Stato-kinetischer Sinn	Beschleunigung, Lage, Bewegung von Körperteilen, Lage der Gelenke	Kopfdrehung, Druckänderung
Geruchssinn	Gerüche	flüchtige Moleküle
Geschmackssinn	Süße, Säure; Salz, Bitterkeit, Umami	lösliche Moleküle

Hinweis

Bei einer primären Sinneszelle handelt es sich nach der klassischen Definition um ein nach peripher verlagertes Neuron. Eine sekundäre Sinneszelle ist ein dendritisches Axon mit oder ohne Hüll-Glia oder ein dendritisches Axon um eine spezialisierte endo- bzw. ektodermale Epithelzelle.

Makroskopische Betrachtung

Je ein Schnittpräparat des unteren zervikalen und thorakalen Rückenmarks ist zu sehen. Der Querschnitt des **Halsmarks** ist größer als der des Brustmarks. Die Rückenmarkshäute sind beim Halsmark während der Präparation erhalten geblieben. Zwischen der **Dura mater**, **Arachnoidea** (nicht mit bloßem Auge zusehen) und der **Pia mater** sind knappe Anschnitte von Vorder- und Hinterwurzeln der Spinalnerven zu sehen. Zur Orientierung, wo die Ventral- und Dorsalseite liegen, ist die äußere Kontur des Rückenmarks zu betrachten. Die Fissura mediana anterior zeigt nach ventral, der Sulcus medianus posterior nach dorsal.

Zwischen dem paarigen Sulcus posterolateralis (Abgang der Hinterwurzel) liegt der unpaare Sulcus medianus posterior. In der Fissura mediana anterior sind Anschnitte der unpaaren A. spinalis anterior anzutreffen, zwischen Sulcus medianus posterior und Sulcus posterolateralis liegt die paarige A. spinalis posterior. Da im Schnittpräparat Perikarya und Nervenfasern angefärbt sind, hebt sich die graue Substanz (Perikarya) blass-blau von der weißen Substanz (myelinisierte und nicht myelinisierte Fasern) mit kräftig blauer Farbe ab. Hinterhorn, Seiten- und Vorderhorn der grauen Substanz können ebenso unterschieden werden wie die Regionen des Seitenstrangs und des Hinterstrangs der weißen Substanz.

Übersichtsvergrößerung

Wenn das Etikett des Objektträgers auf dem Objekttisch des Mikroskops nach rechts schaut, sind die Vorderhörner mit den Perikarya der multipolaren Motoneurone im (bis auf Ausnahmen) unteren Bildrand zu sehen. Im **Zervikalmark** ist die mediale von der lateralen Motoneurongruppe im Vorderhorn (Laminae IX nach REXED) zu unterscheiden. Das Hinterhorn besitzt eine zellarme Zone, die **Substantia gelatinosa,** wo Aδ-Fasern der Schmerzbahn, i.e. des Tractus spinothalamicus, umschalten. Die weiße Substanz des Zervikalmarks ist zwischen Vorder- und Hinterhorn durch marklose Faserstraßen retikulär gestaltet (**Formatio reticularis**). In allen anderen Bereichen der weißen Substanz liegen dicht an dicht markhaltige Nervenfasern. Nur im **Thorakalmark** ist das **Seitenhorn** mit den Wurzelzellen des Sympathicus anzutreffen. In der Basis des Hinterhorns liegt der **Nucleus dorsalis** als Umschaltstation des Tractus spinocerebellaris posterior. Der Sulcus intermedius mit dem Septum intermedium, der im Hinterstrang den Funiculus gracilis vom Funiculus cuneatus abgrenzt, ist im Thorakalmark weniger ausgeprägt zu sehen als im Zervikalmark.

Mittlere und starke Vergrößerung

Im Vorderhorn sind die zytoplasmareichen Perikarya mit NISSL-Schollen der multipolaren Wurzelzellen zu finden. Der helle, bläschenförmige Kern mit einem distinkten Kernkörperchen ist auffällig. Am Axonhügel fehlen die NISSL-Schollen. Außer den Wurzelzellen, von denen die Efferenzen ausgehen, besiedeln Binnenzellen (Strang- und Schaltzellen) die graue Substanz. Die Efferenzen der Binnenzellen verbleiben im Rückenmark.

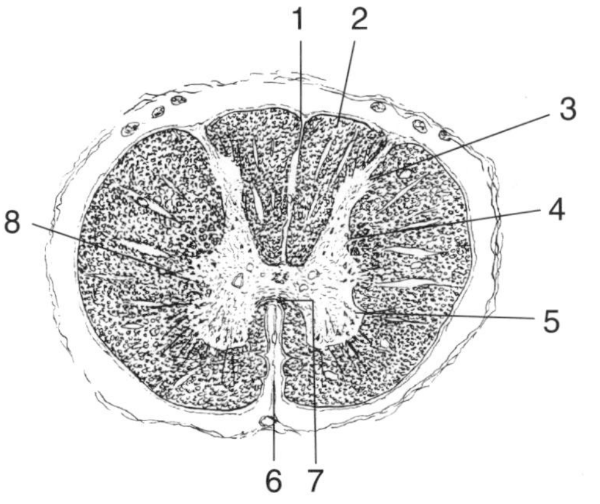

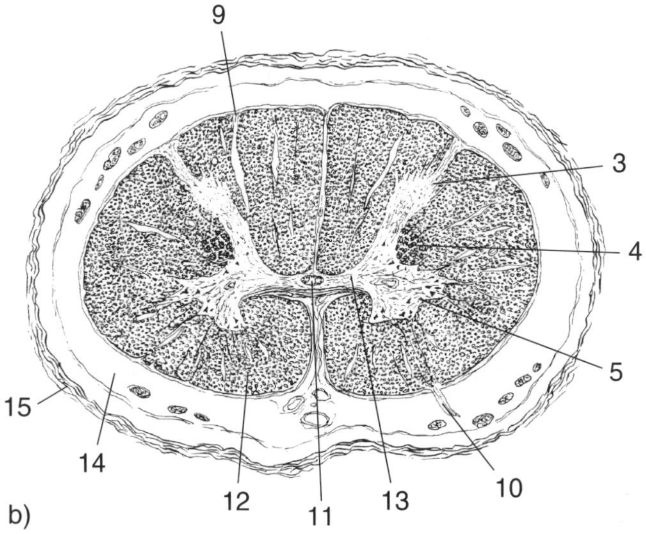

Abb. 10-1: Rückenmark, quer, (a) thorakal, (b) cervikal

1 Sulcus medianus posterior mit Septum dorsale ....

2 Hinterstrang (Funiculus dorsale) ....

3 Substantia gelatinosa im Cornu dorsale ....

4 Formatio reticularis im Seitenstrang ....

5 Cornu ventrale ....

6 Fissura mediana anterior ....

7 Commissura alba ....

8 Cornu laterale (nur thorakal) ....

9 Septum intermedium dorsale zwischen
Fasciculus gracilis (GOLL) und
Fasciculus cuneatus (BURDACH) ....

10 Austritt der Vorderwurzel (Radix anterior) ....

11 Canalis centralis ....

12 Vorderstrang (Funiculus anterior) ....

13 Substantia intermedia centralis ....

14 Spatium subarachnoidale ....

15 Dura mater ....

10.2 KLEINHIRN (CEREBELLUM), Mensch, HE
Kasten-Nr. 92, Abb. 10-2

Das Cerebellum ist der zweitgrößte Hirnteil nach dem Telencephalon. Die Oberflächenvergrößerung des Cerebellums erfolgt durch Einfaltungen der Rinde (**Folia cerebelli**), die im Querschnitt an eine baumartige Struktur (**Arbor vitae**) erinnern. Die graue Substanz einer Kleinhirnhemisphäre befindet sich in der Rinde (Cortex cerebelli) und in den **Kleinhirnkernen** (Nucleus emboliformis, Nuclei globosi, Nucleus dentatus, Nucleus fastigii), die weiße Substanz bildet das Mark (Medulla cerebelli). Das Kleinhirn ist das Kontrollzentrum für die Koordination willkürlicher Muskelaktivität, des Muskeltonus und des Gleichgewichts.

Makroskopische Betrachtung
Die charakteristische baumartige Struktur mit rötlich gefärbter Medulla und bläulichem Cortex ist zu sehen. Bei genauer Betrachtung gliedert sich der Cortex in eine äußere schwach blau gefärbte Schicht (**Stratum moleculare**) und eine innere, kräftig blaue Schicht (**Stratum granulosum**). Die Rinde ist etwa 1mm dick.

Übersichtsvergrößerung
Lichtmikroskopisch ist die typische **Dreischichtung** der **Rinde** zu sehen. Die äußere Schicht entspricht dem zellarmen und faserreichen **Stratum moleculare**, welches Stern- und Korbzellen sowie den **Dendritenbaum** der Purkinjezellen, das **Parallelfasersystem** der Körnerzellen und **Kletterfasern** (von den Olivenkernen) als Afferenzen enthält. Die mittlere Schicht, das **Stratum ganglionare**, besteht aus einer Schicht **PURKINJE-Zellen**. Der große, birnenförmige Zellleib ähnelt den Perikarya von Ganglienzellen, woher sich der Name Stratum ganglionare ableitet. Der Dendritenbaum der PURKINJE-Zellen breitet sich wie ein Spalierobstbaum flächig in der Querachse eines Foliums bis in die Peripherie des Stratum moleculare aus. Die innere Schicht, das **Stratum granulosum**, enthält eine astronomisch hohe Anzahl von **Körnerzellen**. Deren Dendriten steigen in das Stratum moleculare auf, teilen sich T-förmig und treffen als **Parallelfasern** senkrecht auf die PURKINJE-Zellen. An den Dendriten der Körnerzellen, im Stratum granulosum, enden **Moosfasern** als Afferenzen vom Rückenmark und von den Brückenkernen. Die Afferenzen bilden an den Körnerzelldendriten komplexe Synapsen (**Glomeruli cerebellares**). Neben den Körnerzellen sind GOLGI-Zellen anzutreffen. Durch das Stratum granulosum ziehen Kletterfasern als Afferenzen der Olivenkerne zu dem PURKINJE-Dendritenbaum im Stratum moleculare. Die Kletterfasern bilden Kollateralen zu den Körner- und Ganglienzellen.

Mittlere und starke Vergrößerung
Folgende Strukturen sind zu repetieren, die in den Schichten bei dieser Färbung unvollständig zu sehen sind.

Stratum moleculare: Stern- und Korbzellen, Dendritenbaum der PURKINJE-Zellen, Parallelfasern der Körnerzellen, Kletterfasern. **Stratum ganglionare**: Perikarya der PURKINJE-Zellen. **Stratum granulosum**: Körner- und GOLGI-Zellen, Glomeruli cerebellares. Letztere sind homogen rötliche Inseln zwischen den Kerngebieten der kleinen Nervenzellen. In der Medulla cerebelli sind neben afferenten (Moos- und Kletterfasern) und efferenten (Axone der PURKINJE-Zellen) Nervenfasern vor allem Gliazellen zu sehen. Im Mark sind Neurone eines Kleinhirnkerns angeschnitten.

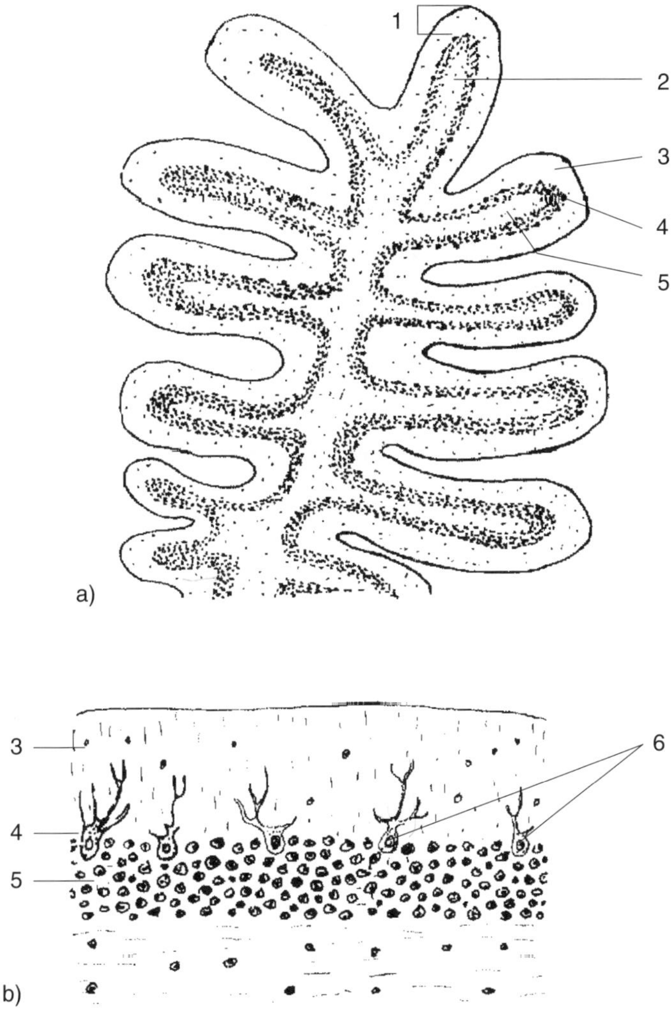

Abb. 10-2: Cerebellum a) Übersicht; b) Rinde nach HE-Färbung bei stärkerer Vergrößerung

1	Rinde	....
2	Mark	....
3	Stratum moleculare	....
4	Stratum ganglionare	....
5	Stratum granulosum	....
6	PURKINJE-Zellen mit Dendritenbaum	....

10.3 KLEINHIRN (CEREBELLUM), Mensch, BODIAN-Versilberung
Kasten-Nr. 93, Abb. 10-3

Mittlere und starke Vergrößerung
Die Versilberung nach Bodian zeigt die Perikarya der PURKINJE-Zellen und deren Dendritenbäume im Stratum moleculare. Gelegentlich ist der Axonabgang in das Stratum granulosum und die Medulla cerebellaris zu entdecken. Die Axone der **PURKINJE-Zellen** sind die einzigen Efferenzen der Kleinhirnrinde und enden an den Kleinhirnkernen.

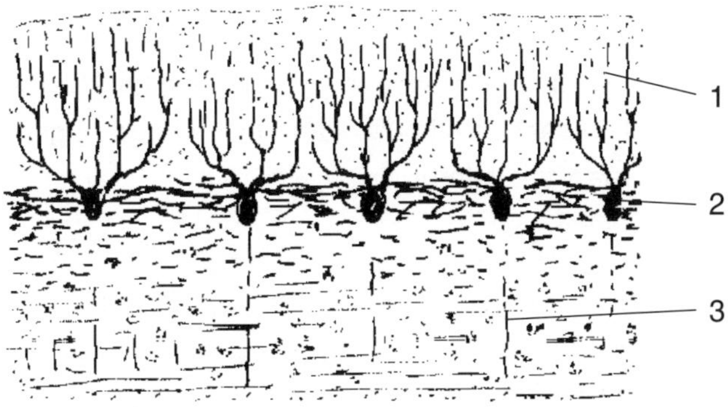

Abb. 10-3: Cerebellum, Rinde nach BODIAN-Versilberung

1 Dendritenbaum ....

2 PURKINJE-Zelle ....

3 Axon ....

10.4 GROßHIRN (CEREBRUM), GYRUS PRAECENTRALIS, agranulärer ISOCORTEX, Mensch, NISSL-Färbung
Kasten-Nr. 94, Abb. 10-4

Im Gryrus praecentralis, welcher zum Neocortex gehört, beginnt die Pyramidenbahn als größte efferente Bahn für die Innervation der Skelettmuskulatur. Mit bloßem Auge sind **Gyri** und **Sulci** zu sehen. Die Rinde ist kräftiger als das Mark gefärbt.

Übersichtsvergrößerung

Die Rinde ist von Pia mater überzogen, die Anschnitte von Blutgefäßen und kleinen Nerven aufweist. Die Grenze zwischen der faserreichen Lamina I und der zellreichen Lamina II ist ebenso deutlich wie der Übergang von Lamina VI in die Medulla cerebri zu sehen.

Mittlere und starke Vergrößerung

- In der **Lamina molecularis** (L I) verzweigen sich die **Apikaldendriten** der Pyramidenzellen. Die Zellkerne gehören zu Oligodendrogliazellen und Astrozyten. Letztere bilden die Gliafasergrenze an der Rindenoberfläche (Membrana limitans gliae superficialis).
- In der **Lamina granularis externa** (L II) liegen dicht gepackte, kleine Nervenzellen (Sternzellen, Interneurone). Afferenzen kortikalen Ursprungs enden hier.
- In der **Lamina pyramidalis externa** (L III) liegen die kleineren Pyramidenzellen. Der Name ist auf die pyramidenartige Form des Perikaryons zurückzuführen. Die Axone von L III verbinden über Fibrae arcuatae und Fasciculi unterschiedliche Rindenbereiche. Die Größe der Perikarya nimmt von außen nach innen zu. Die **Lamina granularis interna** (L IV) fehlt in dem ausgewiesenen Präparat. Wenn sie in einem anderen Rindenareal vorhanden ist, besteht L IV aus vielen kleinen Nervenzellen (u. a. Körner- und Korbzellen). Dort enden Afferenzen aus kortikalen Quellen und vom Thalamus.
- Die **Lamina pyramidalis interna** (L V) ist im Gyrus praecentralis am stärksten ausgebildet, da die Anzahl und Größe der Pyramidenzellen auffällig sind. Bei diesen multipolaren Zellen von dreieckigem Profil zeigt die Spitze des Dreiecks immer zur Rindenoberfläche. Von den Eckpunkten eines Pyramidenzellsomas gehen ein **Apikaldendrit** zur Hirnoberfläche und zwei **Basaldendriten** ab. Das Axon entspringt an der Pyramidenbasis. Die Längsausdehnung einer BETZ-Riesenpyramidenzelle erreicht etwa 100 µm.
- In der **Lamina multiformis** (L VI) liegen viele polymorphe Nervenzellen. Diese multipolaren Nervenzellen sind modifizierte Pyramidenzellen ohne eindeutige Apikaldendriten.

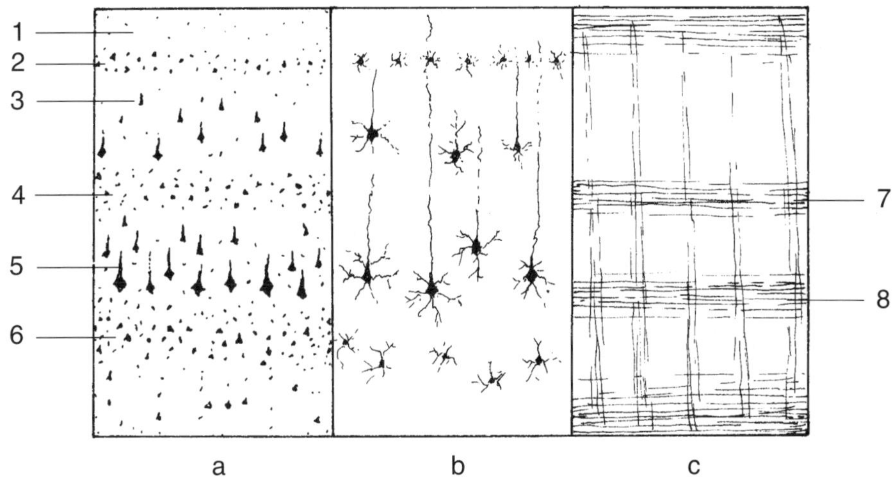

Abb. 10-4: Cortex cerebri
a und b) Zytoarchitektur; c) Myeloarchitektur (Faserdarstellung)

1 Lamina molecularis I ....

2 Lamina granularis externa II ....

3 Lamina pyramidalis externa III ....

4 Lamina granularis interna IV ....

5 Lamina pyramidalis interna V ....

6 Lamina multiformis VI ....

7 Äußerer BAILLARGER-Streifen* ....

8 Innerer BAILARGER-Streifen* ....

* Diese Streifen sind nur in einem entsprechend gefärbten (z. B. LFK) Präparat zu sehen.

10.5 GROßHIRN (CEREBRUM), SULCUS CALCARINUS, granulärer ISOCORTEX, Mensch, LUXOLFASTBLUE-KRESYLVIOLETT Kasten-Nr. 95, Abb. 10-5

Die primäre Sehrinde entspricht dem Cortex um den Sulcus calcarinus, d. h. der **Area 17** nach BRODMANN. In der primären Sehrinde endet die Sehbahn. Die markhaltigen afferenten Fasern des dicksten sensorischen Nerven des Menschen bilden in der **Lamina IV** ein helles Band (**GENNARI-Streifen**), welches beidseits von dicht gelagerten Körnerzellen begrenzt wird. Die primäre Sehrinde grenzt an die sekundäre Sehrinde (**Area 18**) an. Da dort wenig afferente Bahnen enden, besteht die Lamina IV der Area 18 aus **einer Schicht** dicht gelagerter kleiner Nervenzellen.

Makroskopische Betrachtung
Mit bloßem Auge ist der Sulcus calcarinus zu sehen, der von der hellblau gefärbten primären Sehrinde umgeben wird. In ihr liegt als kräftig blauer Streifen der **GENNARI-Streifen** der **Lamina IV**. Fehlt er, betrachtet man die sekundäre Sehrinde. Das Mark ist wegen des Reichtums an markhaltigen Fasern kräftig blau gefärbt.

Übersichtsvergrößerung
Die Dreischichtung der Lamina IV in einen dunklen, hellen und dunklen Streifen ist anhand der Markscheidenfärbung (hier LFK) gut zu sehen und charakterisiert die primäre Sehrinde. Man suche zum Vergleich die sekundäre Sehrinde auf, wo die Laminierung fehlt. Mit Ausnahme der Lamina I sind keine weiteren Schichten deutlich auszumachen. Vereinzelt können Pyramidenzellen entdeckt werden.

Bemerkung
Die GENNARI-Streifen werden auch als BAILLARGER-Streifen bezeichnet (Abb. 10-4c)

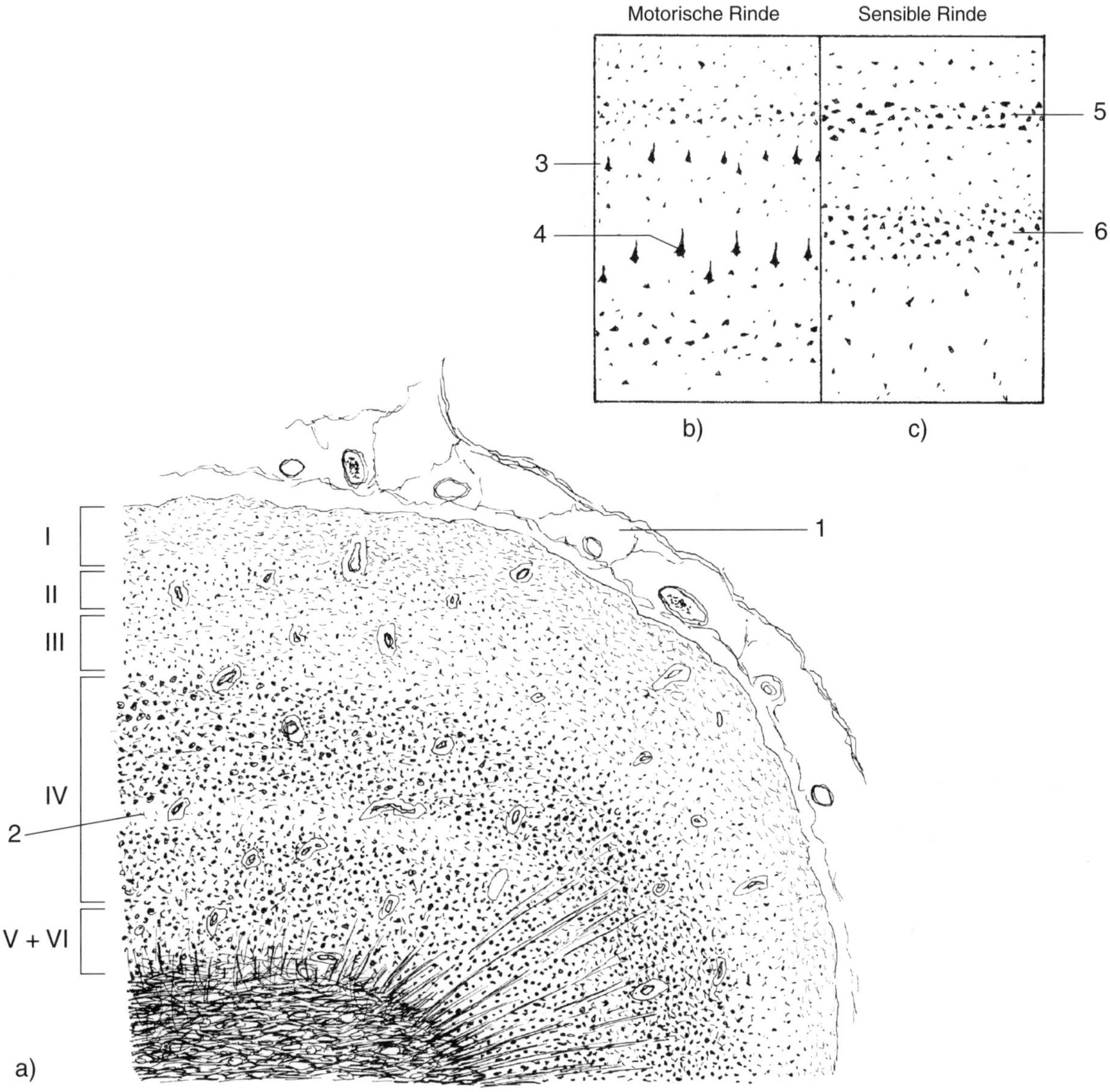

Abb. 10-5: Großhirn, Sulcus calcarinus,
a) granulärer Isocortex mit den Schichten I – VI (vgl. Abb. 10-4)
Vergleich agranulärer (b) und granulärer (c) Isocortex

1 Spatium subarachnoidale ....

2 GENNARI-Streifen der Lamina IV ....

3 Lamina pyramidalis externa III ....

4 Lamina pyramidalis interna V ....

5 Lamina granularis externa II ....

6 Lamina granularis interna IV ....

10.6 HIPPOCAMPUSFORMATION, ALLOCORTEX, Mensch, NISSL-Färbung Kasten-Nr. 96 Abb. 10-6

Die Hippocampusformation, ein Beispiel für den Allocortex, gehört zum Archicortex, dem phylogenetisch älteren Teil des Telencephalons. Sie befindet sich an der medialen Wand des Cornu temporale des Seitenventrikels. Die Hippocampusformation ist ein Teil des limbischen Systems, welches viszerales, endokrines und emotionales Geschehen koordiniert. Erkrankungen des Hippocampus können zu Krampfanfällen und zum Verlust des Kurzzeitgedächtnisses führen.

Makroskopische Betrachtung
Der Querschnitt entspricht dem **Cornu ammonis** des Hippocampus, das sich eingerollt hat und den **Gyrus dentatus** umfasst. Letzterer ist als dünnes, kräftig blau gefärbtes Band charakterisiert. Oberhalb des Gyrus dentatus (Klebeetikett des Objektträges nach rechts legen) ist in der Hippocampusrinde ein zart blau gefärbter Streifen zu sehen. Er entspricht der Pyramidenzellschicht. Die natürliche Grenze des Präparates schaut zum Seitenventrikel. Hier liegen die efferenten Fasern im **Alveus hippocampi**. Den Sulcus hippocampi findet man rechtsseitig zwischen Hippocampus und der entorhinalen Rinde als sekundäres Riechzentrum. Der Übergang zwischen beiden Rindengebieten wird **Subiculum** genannt.

Übersichtsvergrößerung
Das Ammonshorn (Cornu ammonis) als stark eingerollter Hippocampus wird in 4 Felder (CA1 – CA4) gegliedert. Die Felder unterscheiden sich durch die verschiedene Größe und Dichte der Pyramidenzellen. CA1 – kleine, dicht gelagerte Zellen, CA2 – große Zellen, CA4 – aufgelockerter Zellverband. In der Hippocampusrinde entspricht die mittlere Schicht dem **Stratum pyramidale**, allseits von einem faserreichen **Stratum moleculare** umgeben. Der ebenfalls dreischichtige **Gyrus dentatus** wird von den Körnerzellen im Stratum granulosum dominiert. Auf dem Alveus liegen Ependymzellen.

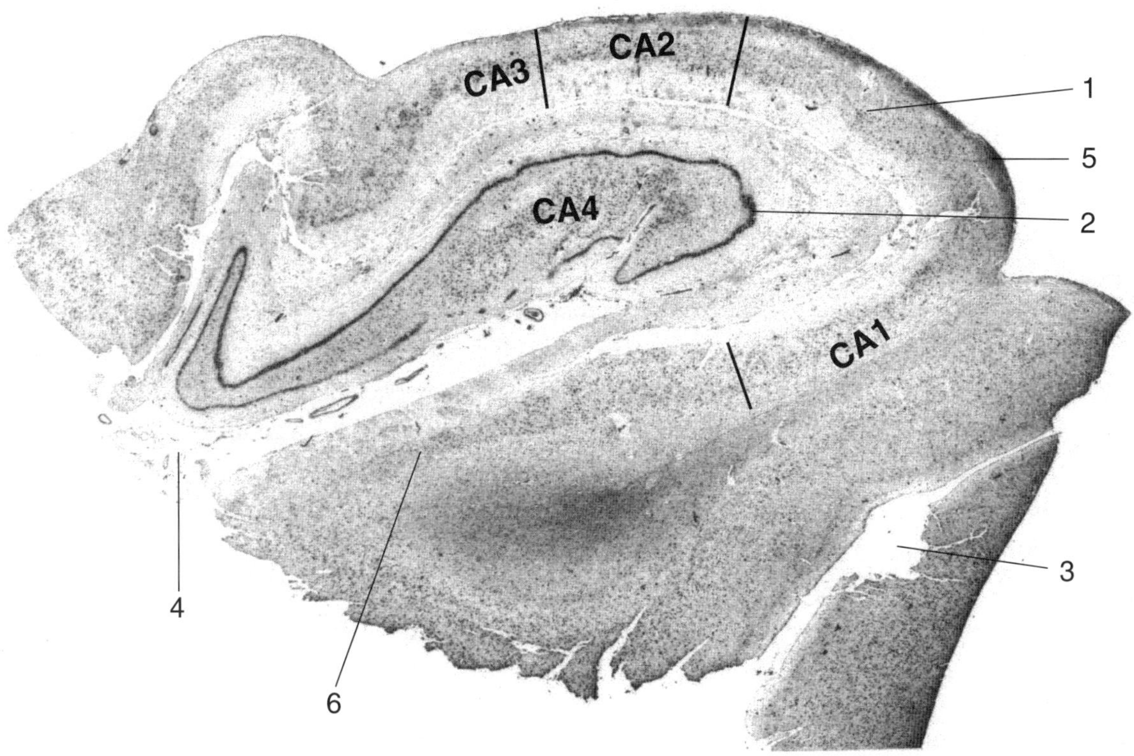

Abb. 10-6: Hippocampus-Allocortex

1 Cornu ammonis des Gyrus hippocampi,
unterteilt in die Felder CA1, CA2 CA3 und CA4.
Die Rinde ist dreischichtig:
Stratum moleculare, Stratum pyramidale, Stratum oriens ....

2 Zellband des Gyrus dentatus ....

3 Sulcus collateralis ....

4 Sulcus hippocampi ....

5 Alveus hippocampi mit efferenten Fasern ....

6 Subiculum (Übergang in die entorhinale Rinde) ....

10.7 PLEXUS CHOROIDEUS, Mensch, HE
Kasten-Nr. 97 Abb. 10-7

Der Plexus choroideus bildet den wasserklaren Liquor cerebrospinalis. Dieser füllt die Hirnventrikel und die äußeren Liquorräume, die wie ein Wasserkissen das Gehirn und das Rückenmark umgeben. Der Liquor nimmt Metabolite und Ionen auf und ist deswegen für die Homöostase des Hirngewebes mitverantwortlich. Der Plexus choroideus entspricht einem Gefäßkonvolut.

Der Plexus choroideus besteht aus dem Plexusepithel (**Lamina epithelialis**) und der **Tela choroidea**. Das Plexusepithel ist einschichtig, kubisch, mit vielen Mikrovilli, da es ein transportierendes Epithel ist. Die interzelluläre Diffusion von Liquor ist wegen dichter Zonulae occludentes unterbunden. In der Tela choroidea liegen Kapillaren mit gefensterten Endothelzellen, durch die Plasmabestandteile treten. Die Diffusionsbarriere zwischen Kapillaren der Tela choroidea und dem Plexusepithel heißt **Blut-Liquor-Schranke**. Der Plexus choroideus gehört zu den **paraventrikulären Organen**, bei denen wegen des fenestrierten Endothels eine **Blut-Hirn-Schranke** fehlt. Das Plexusepithel geht in die einschichtige Zelllage des Ependyms über. Ependymzellen besitzen Kinozilien für den Transport des Liquors. Die Kapillaren im subendymalen Bindegewebe besitzen Endothelzellen vom kontinuierlichen Typ, die die **Blut-Hirn-Schranke** aufbauen.

Makroskopische Betrachtung und alle Vergrößerungen
Mit bloßem Auge ist eine kompakte Struktur als Hippocampusformation zu erkennen. Ihr liegen die Zottenbäume des Plexus choroideus auf. Sie tragen einschichtiges, kubisches Epithel. Die Tela choroidea als Zottenstroma besitzt viele Blutgefäße und vereinzelt kräftig dunkel gefärbte Kalkkonkremente verschiedener Größe (Hirnsand, Acervulus).

Hinweise
Eine Verwechslung mit der frühen Plazenta ist wegen der angeschnittenen Hippocampusformation unmöglich. Außerdem ist das Zottenepithel der frühen Plazenta flach und zweischichtig, nicht einschichtig kubisch wie das Plexusepithel. Hirnsand (Acervulus) tritt ebenfalls im Corpus pineale auf.

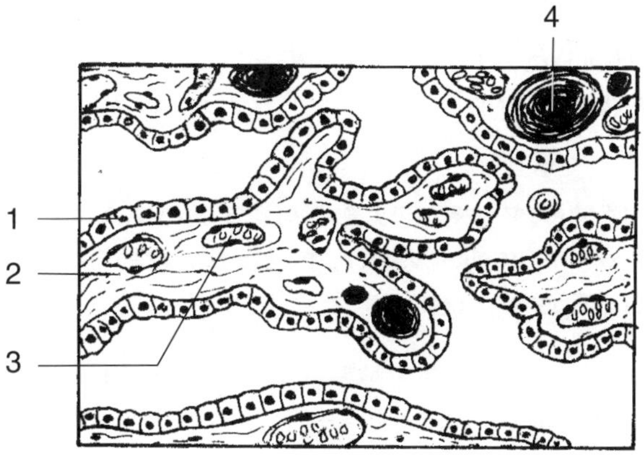

Abb. 10-7: Plexus choroideus

1	Plexusepithel	....
2	Tela choroidea	....
3	Blutgefäße	....
4	Acervulus	....

10.8 ASTROZYTEN, GROßHIRN, Ratte, immunhistochemischer NACHWEIS für GFAP
Kasten-Nr. 99, ohne Abbildung

Zellen, die Neurone schützen und stützen, werden Neurogliazellen (Support-Zellen) genannt. Im Vergleich zu Neuronen sind 10 mal mehr neurogliale Zellen im ZNS anzutreffen. Sie umfassen **Astrozyten**, **Oligodendrozyten**, **Mikroglia** und **Ependymzellen**.

Hinweis:
SCHWANN-Zellen sind die Gliazellen des PNS.

Astrozyten vom **protoplasmatischen Typ** oder vom **Fasertyp** sind die größten Neurogliazellen. Sie sind lichtmikroskopisch schwer darzustellen. Elektronenmikroskopisch haben sie als charakteristisches Intermediärfilament das gliale fibrilläre saure Protein (**GFAP**). Dieses vermehrt sich im alternden Gehirn und ist immunhistologisch gut darstellbar. Als weiteres Charakteristikum besitzen Astrozyten Fortsätze („**Gefäßfüße**“), mit denen sie an der Basalmembran von Kapillaren anhaften und die **Blut-Hirn-Schranke** stützen. Diese „Membrana limitans gliae perivascularis“ ist abzugrenzen gegenüber der „Membrana limitans gliae superficialis“, die unterhalb der Pia mater liegt.

Oligodendrozyten sind wesentlich kleiner, mit kürzeren und weniger zahlreichen Fortsätzen als die Astrozyten. **Oligodendrozyten** sind die Markscheidenbildner im ZNS, wobei ein **Oligodendrozyt** meist mehrere Axone myelinisiert.

Die **Mikrogliazellen** sind die kleinsten Neurogliazellen. Sie wandern vom Knochenmark über das Blut ein, sind Teil des mononukleären phagozytischen Systems, also befähigt, beschädigte Strukturen im ZNS abzuräumen.

Die kubisch bis zylindrischen **Ependymzellen** kleiden das Ventrikelsystem aus. Mit ihren Kinozilien unterstützen sie den Fluss des Liquor cerebralis. Ependymzellen sind durch unvollständig abdichtende Zonulae adhaerentes und durch Gap junctions verbunden. Die Blut-Liquor-Schranke ist **durchlässig**. Bei der Sonderstruktur der Ependymzellen, der **Lamina epithelialis** des **Plexus choroideus**, ist die Blut-Liquor-Schranke **undurchlässig**.

Alle Vergrößerungen
Das Präparat eines älteren Rattengehirns zeigt vor allem in der weißen Substanz Astrozyten mit zahlreichen Fortsätzen. Manchmal erstreckt sich ein Fortsatz in Richtung eines kleinen Blutgefäßes.

10.9 AUGE und HILFSEINRICHTUNGEN

Die Aufgabe des Auges (**Augapfel**, **Bulbus oculi**) ist die Wahrnehmung und Verarbeitung optischer Reize. Der Augapfel ist in Fettgewebe eingebettet, liegt in der Orbita und wird von den äußeren Augenmuskeln bewegt. Zu den Hilfseinrichtungen zählen die Conjunctiva (Bindehaut), die Augenlider und der Tränenapparat. Das Augenlid ist im Kapitel Haut, die Glandula lacrimalis als Teil des Tränenapparats bei den exokrinen Drüsen (s. Skript Histologie) abgehandelt.

Am Augapfel (Abb. 10-8) unterscheidet man drei Abschnitte: Die **vordere Augenkammer** reicht vom Hinterrand der Cornea bis zum Vorderrand der Iris und der Linse. Die **hintere Augenkammer** erstreckt sich zwischen den Processus ciliares (Fortsätze des Corpus ciliare), dem Hinterrand der Iris, der Linse und dem Glaskörper. Im **hinteren Abschnitt** liegt der Glaskörper (**Corpus vitreum**). Das Kammerwasser fließt von der hinteren in die vordere Augenkammer. Das Corpus vitreum enthält große Mengen an Hyaluronsäure, die eine hohe Wasserbindungsfähigkeit gewährleisten.

Die Wand des Bulbus oculi zeigt von außen nach innen drei Schichten:

- **Tunica externa** (Tunica fibrosa) mit **Sclera** (Lederhaut) und **Cornea** (Hornhaut),
- **Tunica media** (Tunica vasculosa, Uvea), bestehend aus **Iris** (Regenbogenhaut), **Corpus ciliare** (Strahlenkörper, Ciliarkörper) und **Choroidea** (Aderhaut),
- **Tunica interna** (Retina, Netzhaut) mit der Pars optica und der Pars caeca (letztere bestehend aus dem Ciliar- und Irisepithel). Der Übergang von der photosensitiven zur nicht-photosensitiven Retina liegt im Bereiche der **Ora serrata**.

Tunica externa

Die Sclera ist undurchsichtig, weil sie überwiegend aus Bündeln straffen Bindegewebes besteht. Nur die äußere Schicht der Sclera wird von lockerem kollagenem Bindegewebe aufgebaut (**Episclera**). Sie gilt als Gleitschicht gegen die angrenzende feste Bindegewebskapsel (Vagina bulbi, TENON-Kapsel). Die TENON-Kapsel ist am **Limbus corneae** befestigt, welcher dem Übergang von der Sclera in die lichtdurchlässige Cornea (Sclerapfalz) entspricht. Die Tunica externa besitzt im Bereich des Limbus corneae ein trabekuläres Maschenwerk mit Endothelzellauskleidung. Das Kammerwasser im Maschenwerk gelangt von der hinteren in die vordere Augenkammer, wo es über den Kammerwinkel **(Angulus iridocornealis**) in den **SCHLEMM-Kanal** abfließt.

10.9 AUGE (BULBUS OCULI), Schwein, HE
Kasten-Nr. 98, Abb. 10-9 bis Abb. 10-11

Makroskopische Betrachtung
Man unterscheidet zwischen der **vorderen** und der **hinteren Bulbushälfte**. In der **vorderen** Hälfte liegen Cornea, Anteile der Sclera, Linse, Iris und Corpus ciliare. Folgende Bereiche sind aufzusuchen: **vordere** und **hintere Augenkammer**, **Angulus iridocornealis**, **Limbus corneae** (Sclerapfalz, entspricht dem Übergang von der blass-roten Cornea in die kräftig-rotgefärbte Sclera), **SCHLEMM-Kanal**, **Ora serrata**.

In der **hinteren** Bulbushälfte ist die bläulich gefärbte Tunica interna (Retina) und die eher rötlich gefärbte Tunica media et externa zu sehen. Der Nervus opticus und die Papilla nervi optici sind angeschnitten. Der Glaskörper ist für die histologische Bearbeitung entfernt worden.

Alle Vergrößerungen
In der **vorderen Bulbushälfte** ist der Aufbau von **Cornea** (s. „Epithelgewebe" im Skript Histologie), **Iris** und **Corpus ciliare** zu studieren. Hinweise auf Details der vorderen Bulbushälfte sind der Abbildung 10-9a und b zu entnehmen. Am Limbus corneae ist neben dem Sclerapfalz auch der Übergang von der Cornea in die Bindehaut (**Conjunctiva**) zu betrachten. Hinter dem Corpus ciliare liegt in der Tunica interna die **Ora serrata** (s. Abb. 10-8). Dort wird ein zweischichtiges Epithel (eine tiefe Schicht mit Pigmentepithelzellen und eine oberflächliche Schicht mit pigmentfreien Epithelzellen) zu einem mehrschichtigen Epithel.

Bei der **Linse** sind die Kapsel und das subkapsuläre Epithel an der Vorderseite zu sehen, an den Äquatorpolen liegt der **Linsenstern**. Von dieser mitotisch aktiven Zone geht die Erneuerung des Linsen- epithels aus. Abgestorbene Epithelzellen werden zu Linsenfasern.

In der **hinteren Bulbushälfte** wird der Aufbau der **Retina** sowie der **Choroidea** studiert, wobei man sich zur besseren Übersicht beim Mikroskopieren der einzelnen Schichten an Abb. 10-10 orientiert.

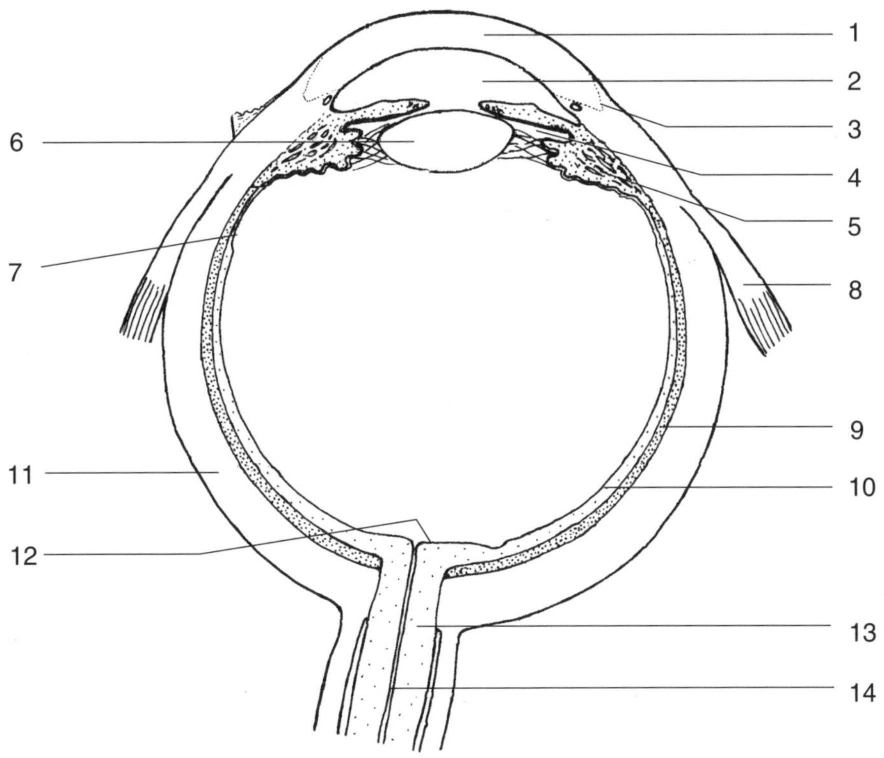

Abb. 10-9: Augapfel (Übersicht)

1	Cornea	....
2	vordere Augenkammer	....
3	Limbus corneae mit SCHLEMM-Kanal	....
4	hintere Augenkammer	....
5	Corpus ciliare	....
6	Linse	....
7	Ora serrata	....
8	äußerer Augenmuskel	....
9	Choroidea	....
10	Retina	....
11	Sclera	....
12	Papilla nervi optici	....
13	Nervus opticus	....
14	A. centralis retinae	....

Die **Cornea** entspricht dem vorderen Sechstel der Tunica externa und hat von außen nach innen fünf Schichten.

- Das **vordere Corneaepithel** ist ein mehrschichtiges unverhorntes Plattenepithel ohne Epithelleisten, d. h. mit glatter Unterfläche. Die Epithelzellen erneuern sich innerhalb von 7 Tagen. Die apikale Zellreihe schickt kurze Mikrovilli in den Tränenfilm. Das vordere Corneaepithel ist reich an freien Nervenendigungen.
- Die Lamina limitans anterior (**BOWMAN-Membran**) entspricht einer 30 μm dicken homogenen, zellfreien Schicht zur Stabilisierung der Cornea.
- Die gefäßlose **Substantia propria** ist aus vielen parallel angeordneten Bündeln kollagener Fasern aufgebaut. Flügelzellen entsprechen abgeplatteten Fibroblasten. Der Reichtum an Glykosaminoglykanen gewährleistet eine hohe Wasserbindungsfähigkeit und Transparenz der Cornea.
- Die Lamina limitans posterior (**DESCEMET-Membran**) entspricht einer 10 μm dicken Basalmembran.
- Das **hintere Corneaepithel** stellt als einschichtiges Plattenepithel ein **Endothel** dar.

Tunica media, Uvea

Die **Iris** ist als verstellbare Lochblende (Pupille) zu betrachten. Das durch die Pupille einfallende Licht trifft auf die Vorderseite der Iris mit einer mesothelartigen Bedeckung. Die Hinterseite besitzt zwei Epithelschichten. Die tiefe Schicht weist Myoepithelzellen auf, die in ihrer Gesamtheit den **Musculus dilatator pupillae** mit sympatischer Innervation darstellen. Die Schicht ist reich an Pigmentepithelzellen mit Melaningranula, während die oberflächliche Epithelschicht keine Granula enthält. Beide Schichten stehen in Kontinuität zur Pars optica der Tunica interna. Im Stroma der Iris liegen Melanozyten, deren unterschiedliche Anzahlen die jeweilige Augenfarbe bestimmen. Pupillennah findet man im Irisstroma den ringförmigen **Musculus sphincter pupillae** mit parasympathischer Innervation. Im Irisstroma sind zwei anastomosierende Arterienringe anzutreffen.

Das **Corpus ciliare** reicht von der Iriswurzel zur Ora serrata und bekommt sein dreieckiges Schnittprofil durch den glatten **Musculus ciliaris**. Vom Corpus ciliare gehen leistenartige Fortsätze ab, **Processus ciliares**. Sie sind von einem zweischichtigen Epithel bedeckt. Die dem Ciliarstroma zugewandte tiefe Epithelschicht ist pigmentreich. In der oberflächlichen Epithelreihe, die der hinteren Kammer zugewandt ist, inserieren die Zonulafasern der Linse. Die pigmentlosen Epithelzellen produzieren das Kammerwasser.

Hinweis

Der Ciliarkörper und die Iris sind eine Sonderbildung der mittleren und inneren Augenhaut.

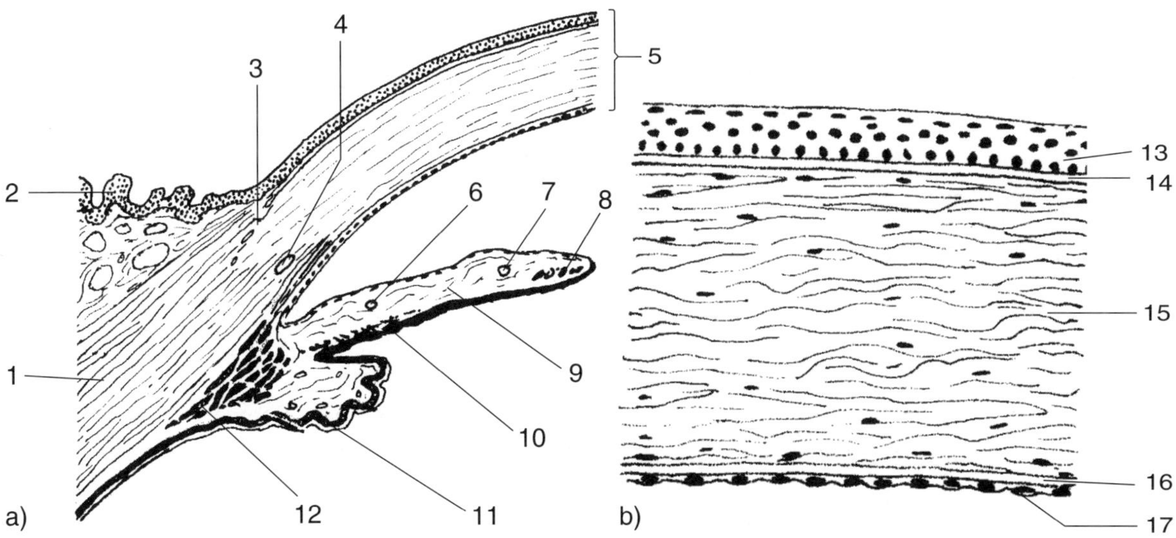

Abb. 10-10: Auge (Details): a) vordere Bulbushälfte; b) Cornea

1 Sclera ....

2 Conjunctiva ....

3 Sclera-Pfalz ....

4 SCHLEMM-Kanal ....

5 Cornea ....

6 äußerer Arterienring ....

7 innerer Arterienring ....

8 Musculus sphincter pupillae ....

9 Irisstroma ....

10 zweischichtiges Irisepithel mit Musculus dilatator pupillae ....

11 Corpus ciliare mit Processus ciliares ....

12 Musculus ciliaris ....

13 vorderes Corneaepithel ....

14 BOWMAN-Membran ....

15 Substantia propria ....

16 DESCEMET-Membran ....

17 hinteres Corneaepithel (Endothel) ....

Die **Choroidea** besitzt nahe der Sclera Blutgefäße großen Durchmessers. Zur Retina gerichtet, entwickelt sich in der Choroidea ein Geflecht von Kapillaren (**Lamina choroidocapillaris**). Die Endothelzellen sind gefenstert und begünstigen die Entwicklung von Transudat für die Ernährung der Retina. Die Choroidea bildet an der Grenze zur Retina die **BRUCH-Membran**, eine zweischichtige Basalmembran, zugehörig zur Basalmembran des retinalen Pigmentepithels und des Kapillarendothels. Sie ist zugleich Antagonist des M. ciliaris.

Tunica interna

Retina

Embryologisch geht die Retina aus dem Augenbecher hervor, dessen Außenwand das einreihige Pigmentepithel (**Stratum pigmentosum**) bildet und aus dessen Innenwand die neurale Retina (**Stratum nervosum**) entsteht. Weil zwischen Pigmentepithel und neuraler Retina eine zell-zellspezifische Haftung fehlt, kommt es bei Nachlassen des Augeninnendrucks zur Netzhautablösung. Im photosensitiven Anteil der neuralen Retina sind **3 Zellschichten** und **mehrere Faserschichten** zu einer komplexen Architektur verbunden. Die Retinaarchitektur ist „umgekehrt" gebaut, weil das einfallende Licht zunächst die Schicht der Ganglienzellen und der bipolaren Körnerzellen als 3. und 2. Neuron der Sehbahn passiert, bevor das Licht die Photorezeptorzellen (Stäbchen- und Zapfenzellen, 1. Neuron) erregt. Die Außenglieder der Photorezeptorzellen liegen dem Pigmentepithel an. In den **Faserschichten** der Retina befinden sich die synaptischen Kontakte zwischen den Fortsätzen der Neuronenzellen sowie den spezifischen Gliazellen (**MÜLLER-Zellen**). **Amakrine Zellen** und **Horizontalzellen** sind Interneurone, deren Perikarya in der inneren oder äußeren Körnerschicht liegen. Die von außen nach innen zu benennenden Schichten der Retina sind in Abbildung 10-10 nachzulesen.

Die Retina zeigt örtliche Unterschiede im Aufbau. In der **Fovea centralis** des **gelben Flecks** (**Macula lutea**, die sich am hinteren Pol der optischen Achse befindet) besteht die neurale Retina nur aus Photorezeptorzellen. Die Körner- und Ganglienzellen sind seitlich verlagert. Die Fovea centralis ist die Stelle des schärfsten Sehens. In der **Papilla nervi optici** am hinteren Augenpol laufen die Axone aller Ganglienzellen zusammen. Da dort keine Photorezeptorzellen liegen, heißt die Region **„blinder Fleck"**. Entwicklungsgeschichtlich ist der Nervus opticus ein vorverlagerter Hirnanteil, weswegen er von weichen und harten Hirnhäuten umgeben wird (Abb. 10-11).

Linse

Die bikonvexe Linse besitzt außen eine dicke Basalmembran als Kapsel. Das subkapsuläre Epithel ist einschichtig, nur an der Vorderseite entwickelt und lebenslang am Äquatorpol mitotisch aktiv. Wenn sich subkapsuläre Epithelzellen vom Äquatorpol faserartig transformieren und die Kerne verlieren, entwickeln sich die **Linsenfasern**. Sie sind nicht mit den **Zonulafasern** zu verwechseln, die als elastische Fasern von der Linsenkapsel zu den Processus ciliares ziehen und durch Anspannung und Erschlaffung für die wechselnde Linsenkrümmung beim Nah- und Fernsehen verantwortlich sind. Verlust der Elastizität der Linse bedingt die Alterssichtigkeit (Presbyopie). Wenn sich die Linse trübt und die Sehkraft nachlässt, liegt ein Katarakt vor.

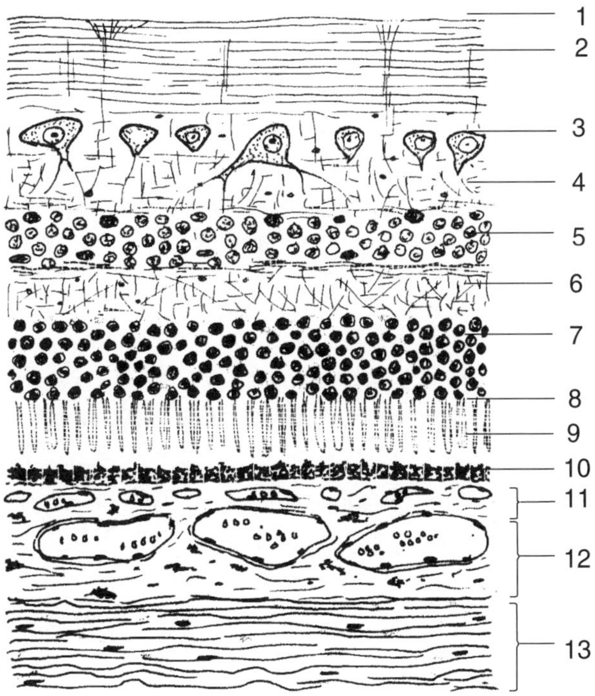

Abb. 10-11: Hintere Bulbushälfte (Retina und Choroidea)

1 Stratum limitans internum ....

2 Neuritenschicht ....

3 Ganglienzellschicht (multipolare Nervenzellen, 3. Neuron) ....

4 innere plexiforme Schicht ....

5 innere Körnerschicht (bipolare Nervenzellen, 2. Neuron) ....

6 äußere plexiforme Schicht ....

7 äußere Körnerschicht
(Somata der Photorezeptorzellen, 1. Neuron) ....

8 Stratum limitans externum ....

9 Stäbchen und Zapfen ....

10 Pigmentepithel ....

11 Choroidea, innere Schicht (L. choroidocapillaris) ....

12 Choroidea, äußere Schicht ....

13 Sclera ....

Abb. 10-12 gibt einen Überblick über den **Querschnitt** des **Nervus opticus**. Ein Präparat liegt dazu nicht vor.

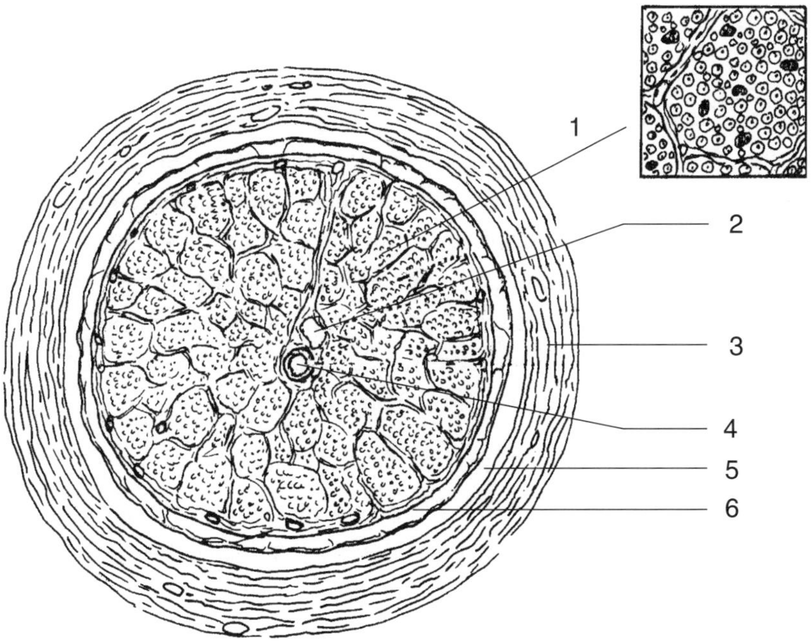

Abb. 10-12: Nervus opticus, quer

1 Myelinisierte Nervenfasern ....

2 V. centralis retinae ....

3 Vagina externa (Dura mater)
+ Arachnoidea ....

4 A. centralis retinae ....

5 Spatium intervaginale (Spatium subdurale) ....

6 Vagina interna (Pia mater) ....

10.10 COCHLEA, Meerschweinchen, HE
Kasten-Nr. 100, Abb. 10-12 und 10-13

Zum Hörorgan gehören das **äußere Ohr** (Ohrmuschel, äußerer Gehörgang, Trommelfell), das **Mittelohr** (Gehörknöchelchen, Beginn der Tuba Eustachii, rundes und ovales Fenster) und das **Innenohr** (Labyrinth) mit der **Schnecke (Cochlea)** für den **Hörsinn** und dem **Ductus semicirculares**, dem **Sacculus** und **Utriculus** für den **Gleichgewichtssinn**. Beim Labyrinth wird zwischen dem knöchernen und dem häutigen Anteil unterschieden. Im häutigen Labyrinth fließt die **Endolymphe**, zwischen dem häutigen und dem knöchernen Labyrinth befindet sich die **Perilymphe**. Bewegen sich die Peri- und Endolymphe kommt es zur Erregung der Sinneszellen, die in das häutige Labyrinth eingebaut sind. Hier wird der Aufbau des knöchernen und häutigen Labyrinths der Cochlea besprochen.

Die Schnecke misst beim Menschen etwa 35 mm im Längsdurchmesser. Der „Schneckengang" windet sich um eine zentrale Achse (**Modiolus**), in der Blutgefäße, Nervenfasern und Perikarya des Nervus vestibulocochlearis liegen. Vom Modiolus geht nach lateral eine feine knöcherne Leiste (**Lamina spiralis ossea**). Der „Schneckengang" ist in drei Untergänge gegliedert: **Scala vestibuli** (oben), **Scala media** (Ductus cochlearis, lateral), **Scala tympani** (unten). Diese Gänge sind von Mesothel ausgekleidet. Im oberen und unteren Gang fließt Perilymphe, im Ductus cochlearis bewegt sich Endolymphe. Der Ductus cochlearis wird **oben** und **medial** von der **Membrana vestibularis** (REISSNER-Membran) begrenzt, **lateral** von einem gefäßhaltigen, mehrschichtigen Epithel (**Stria vascularis**) und **basal** von der **Basilarmembran** (Membrana basilaris) mit dem CORTI-Organ. Die Sinneszellen des CORTI-Organs tragen Stereocilien, die in die Membrana tectoria hineinragen. Die Signaltransduktion erfolgt durch Lageveränderung der Stereozilien, wenn die Membrana tectoria durch die Endolymphe bewegt wird. Die Sinneszellen sind von Stützzellen (Phalangen- und Pfeilerzellen) umgeben, die innerhalb des CORTI-Organs drei kleine Tunnel bilden.

Makroskopische Betrachtung und alle Vergrößerungen
Eine Knochenspange (Anteile des Felsenbeins) aus Lamellenknochen umgibt ein etwa 4 mm im Durchmesser messendes Gebilde, die **Cochlea**. Nachdem der knöcherne Anteil lokalisiert ist, wird der häutige Anteil unter zu Hilfenahme der Abbildungen 10-12 und 10-13 studiert. Der Schneckengang ist mehrfach angeschnitten, jedoch ist das CORTI-Organ oft nur einmal zu sehen (wegen der Schwierigkeit, die richtige Schnittebene zu treffen).

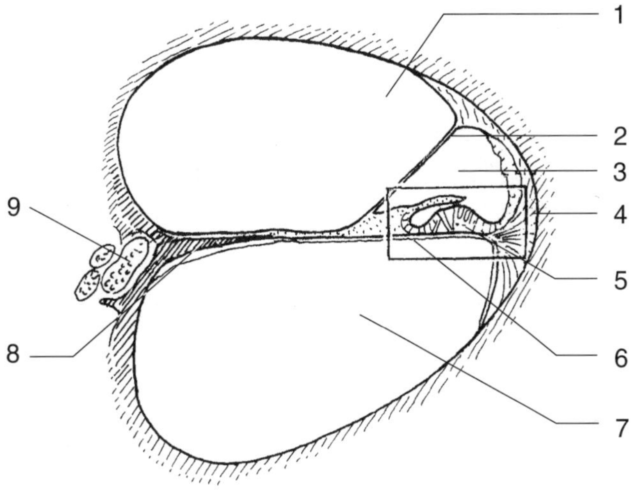

Abb. 10-13: Cochlea

1	Scala vestibuli	....
2	Membrana vestibularis	....
3	Ductus cochlearis	....
4	Ligamentum spirale cochleae	....
5	CORTI-Organ	....
6	Basilarmembran mit Plattenepithel	....
7	Scala tympani	....
8	Lamina spiralis osseae	....
9	Ganglion spirale	....

Notizen:

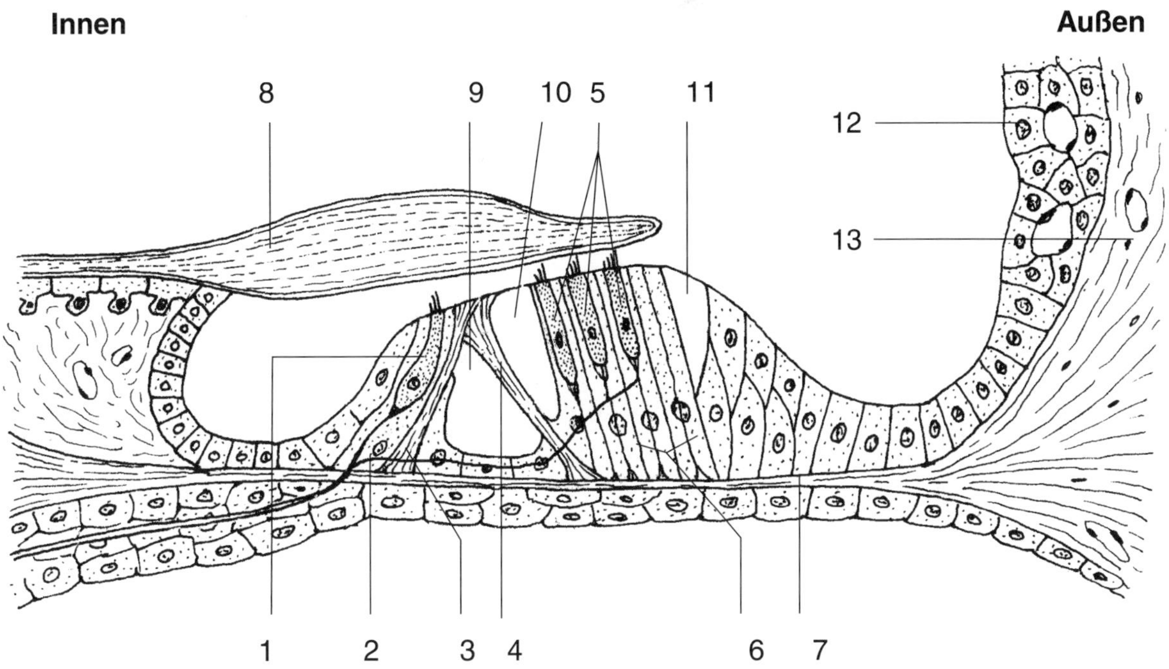

Abb. 10-14: CORTI-Organ

1	innere Haarzellen	....
2	innere Phalangenzellen	....
3	innere Pfeilerzellen	....
4	äußere Pfeilerzellen	....
5	äußere Haarzellen	....
6	äußere Phalangenzellen	....
7	Basilarmembran	....
8	Membrana tectoria	....
9	Innerer Tunnel	....
10	NUEL-Raum	....
11	äußerer Tunnel	....
12	Stria vascularis	....
13	Ligamentum spirale	....

Sachwortverzeichnis

A

B

F

G

H

P

R

S

T

U

V

W

Z